JN021364

増補改訂版

小学校 6年分の算数が教えられるほどよくわかる

東大卒プロ算数講師
小杉拓也

ベレ出版

はじめに

人に教えられるくらいの本物の算数力を身につける！

● 算数の疑問を徹底的にわかりやすく解説

算数は、「なぜ？」「どうして？」「どうやって？」と疑問を持つことがとても大切な科目です。

「2020年度から小学校で習う『ドットプロット』や『階級』って何?」
「どうして分数の割り算はひっくり返すの?」
「円の面積は、なぜ『半径 × 半径 × 3.14』で求められるの?」
「なぜ、筆算でかけ算や割り算の計算ができるの?」

このような疑問を持つことで、算数への興味がどんどん増していきます。本書は、これらの疑問に対して、徹底的にわかりやすく解説した本です。小学校６年間に習う算数の全範囲（全13章）にわたる疑問を解決していきます。小学１年生で習う「たし算と引き算」から、小学６年生で習う「比例と反比例」まで、算数の全範囲を幅広くカバーしています。

本書は、2016年に刊行されたロングセラーの増補改訂版です。主な改訂ポイントは、次の４つです。

【ポイント１】2020年度からの新学習指導要領に対応！
【ポイント２】第13章に『データの調べ方』を新設（新学習指導要領に準拠）！
【ポイント３】全12項目を新たに書き下ろして、グレードアップ！
【ポイント４】『文系の親御さんでもわかる！ 2020年度から必修化の「プログラミング教育」とは?』を巻末付録に新設！

それぞれのポイントの具体的な内容は、次の通りです。

【ポイント1】 2020年度からの新学習指導要領(しんがくしゅうしどうようりょう)に対応！

新しい学習指導要領では、例えば、『速さ』の単元を学ぶ学年が小6から小5に変更されました。本書では、**このような一部単元(たんげん)の学習内容の変更や、それを習う学年の変更に対応**しています。

【ポイント2】 第13章に『データの調べ方』を新設（新学習指導要領に準拠）！

今回の学習指導要領では、小学算数の範囲である『データの調べ方』の単元に、新たな用語が加わりました。例えば、ドットプロットという用語や、それまで中学数学の範囲だった代表値(だいひょうち)、階級(かいきゅう)などの用語です。本書では、これらの新しく追加された内容についても徹底的にわかりやすく解説しています。

【ポイント3】 全12項目を新たに書き下ろして、グレードアップ！

既存(きそん)の第1章から第12章についても、さらに内容を充実させるべく、各章に1つずつ新しい項目を追加しました。算数の各単元について、より深く、楽しく理解していただけるよう、ボリュームアップ、パワーアップした内容になっています。

【ポイント4】『文系の親御さんでもわかる！　2020年度から必修化の「プログラミング教育」とは?』を巻末付録（かんまつふろく）に新設！

2020年度から、小学校でプログラミング教育が必修となります。お父さん、お母さんの中には、「プログラミング教育って何?」「子どもにプログラミングについて聞かれたら、どう答えればいいのだろう?」と不安に感じていらっしゃる方も多いのではないでしょうか？

そこで、プログラミング教育の内容や目的をざっくり理解していただけるよう、本書の巻末付録として、この項目を新設しました。

また、本書は、主に次の方を対象にしています。

- お子さんの算数の疑問を解決してあげたいお父さん、お母さん
- お子さんに算数を上手に教えたいお父さん、お母さん
- 算数をもっと深く理解したい小学生、中学生
- 算数の学び直しや頭の体操をしたい大人の方
- 小学校で習った算数をより深く理解したい大人の方

ほとんどの大人の方が「算数はかんたんだ」「算数の内容なんてすべてわかっている」と思っているでしょう。しかし一方で、「どうして分数の割り算はひっくり返すの？」のような質問に、スムーズに答えられる方は多くはありません。

計算や筆算の仕方、公式などはわかっていても、「なぜこの方法で計算できるのか?」「なぜこの公式が成り立つのか?」というような根本的な質問にスムーズに答えられる人は意外に少ないものです。このような根本的な疑問に答えられてこそ、「本物の算数力」が身についている

のだと言えます。
お父さん、お母さんなら、お子さんに算数の質問をされたときに、できるだけわかりやすく答えてあげたいでしょう。
また、算数の学び直しをしたい方なら、表面的にわかるだけでなく、算数をできるだけ深く理解しながらおさらいすることに興味があるでしょう。

本書は、そのような方にむけて、算数の「なぜ？」「どうして？」「どうやって？」などの質問を徹底的にかみくだいて、わかりやすく解説していきます。そして、最終的には読者の方自身が、「人に教えられるくらいの本物の算数力を身につける」ことを目指します。

算数では、用語の意味をきちんと理解することも大切です。なぜなら、算数の学習は、「最小公倍数」「円周率」「比(ひ)の値(あたい)」などの算数用語の意味を、確実に理解するところからスタートすると言っても過言ではないからです。
そのため、この本ではそれぞれの用語の意味を丁寧に解説しています。また、いつでも調べられるように、巻末に索引(さくいん)をつけています。

私自身の20年以上の指導経験や、算数関連の著書の執筆経験のなかで追求してきた「一番わかりやすい教え方」を、本書にすべてつめこむことができました。その点で、他にはない１冊にすることができたと自負しています。この本によって、本物の算数の力を身につけていただければ幸いです。

小杉 拓也

本書を読んでいただく前に

ここから、お父さん、お母さんに向けてと、算数の学び直しをしたい方に向けてのメッセージをそれぞれ続けてお伝えします。まずは、お父さん、お母さんに伝えたいメッセージです。

● 疑問を一緒に解決して、子供の思考力を伸ばそう！（お父さん、お母さんに向けて①）

子供が算数の質問をしたとき、あなたはスムーズに答えることができるでしょうか？　質問をされることを、やっかいに思っていませんか？

子供の質問に対して、「そんなのわからないよ。学校の先生に聞いてきなさい」や「そんな質問より、宿題はやったの？」のように言って、他人まかせにしたり、話をそらしたりするのは望ましくありません。

では、「どうして分数の割り算はひっくり返すの？」などの難しい質問を子供がしてきたら、どう答えればよいのでしょうか？

そんなときは、子供の質問に対して、**まず最大限にほめてあげてください。**「よくそんな質問を思いついたね！　すごいね！」「なかなか他の人は気付かない疑問に気付いてえらいね！　どうして気付いたの？」というように、ほめてあげましょう。

最大限にほめることによって、「**算数で疑問を持つことは素晴らしいことなんだ**」ということを子供に実感してもらうことができます（算数だけでなく、あらゆる科目で疑問を持つことは素晴らしいことです)。それによって、子供は算数について、積極的にいろいろな疑問を持つようになります。疑問を持つ子は算数の力が伸びていきます。

そして、最大限にほめた後は、子供の質問に対して、できるだけわかりやすく解説しましょう。お父さん、お母さんがすべて一方的に解説するのではなく、「子供にできるだけ考えてもらいながら解説する」ようにするのが望ましいです。具体的には、「AだからBになる」と解説するところを、「Aだから、次はどうなると思う?」というように、質問することによって、子供にも考えてもらいながら解説することをおすすめします。

子供が納得するまで親身に解説して、一緒に疑問を解決していきましょう。自分で疑問を持ち、それを解決していく過程で、子供は考える力をさらに深めます。そして、算数に面白さを感じ、算数が好きになります。

子供の思考力をぐんぐん伸ばすために、「疑問を持つ→疑問を解決→思考力が伸びる→さらに疑問を持つ→…」という好循環を作ってあげることが大切です。

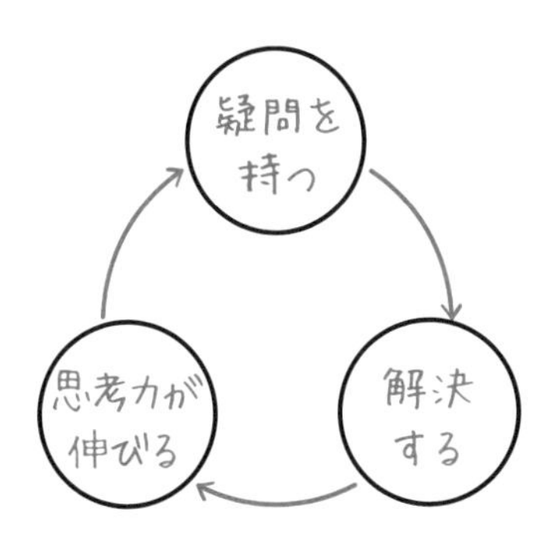

算数で思考力を伸ばす好循環

本書で扱っている算数の疑問は、大きく３つに分けることができます。それは、

「Why（なぜ？）」「How（どうやって？）」「What（〜って何？）」

です。この3つの疑問を解決していく過程で、本当の算数力が身につき、思考力を伸ばすことができるのです。

一方、子供の質問に対して、他人まかせにしたり、話をそらしたりすると、この好循環を断ち切ってしまうことがあります。このようなことを繰り返していると、子供が「質問しちゃだめなんだ」「疑問を持つのはいけないことなんだ」のように考えてしまうおそれもあります。

子供がこのような思いこみを持ってしまうと、疑問を解決する楽しさを実感できないので、思考力を伸ばすことができません。公式の成り立つ理由がわからず、ただ公式だけを覚えるようになるので、考える力が育たないのです。また、疑問が解決されないまま、算数の面白さを実感できず、算数が嫌いになってしまうことさえあります。そうならないように、子供の質問に対して、親身になって一緒に解決する姿勢を持っていきましょう。

ところで、算数の質問をあまりしてくれない子供もいます。そんな子供には、お父さん、お母さんから、「どうして分数の割り算はひっくり返すと思う？」のように聞いてあげましょう。そのように、親御さんから質問して一緒に考えることによって、子供の思考力を伸ばしていくことができるのです。

● エジソンを大発明家に導いた親の力（お父さん、お母さんに向けて②）

ここで、白熱電球などの発明で知られる、発明王エジソンの話をします。エジソンが小学生のとき、学校の先生が「１＋１＝２」の解説をしました。そのとき、エジソンは、「なぜ『１＋１＝２』なの？　１つの粘土と１つの粘土を合わせたら、大きな１つの粘土のかたまりになるよ。」と先生に聞いて困らせたそうです。

これだけでなく、いつも教師に「Why ？（なぜ？）」と聞き続けて、教師を困らせたあげく、エジソンは退学処分になってしまいました。学校を退学になった後、誰もフォローしなければ、エジソンは大発明家になることはなかったでしょう。

しかし、母親のナンシーが、エジソンを見放しませんでした。退学後、ナンシーがエジソンの個人教師となり、エジソンが納得するまで何でも教え続けたのです。そして、エジソンが興味を持ったことは、できるだけ実行させる環境を作りました。例えば、自宅の地下室を実験室として使うことを許したのも、母親のナンシーでした。

その結果、エジソンは21歳で初めて特許をとり、生涯に1300もの発明をする大発明家へと成長していったのです。後にエジソンは次のように述べています。

「今日の私があるのは母のおかげです。母はとても誠実で、私を信頼してくれていましたから、私はこの人のために生きようと思いました。この人だけはがっかりさせるわけにはいかないと思ったのです。」
（ニール・ボールドウィン著・椿正晴訳『エジソン』三田出版会）

日本には、エジソン、スティーブ・ジョブズ、ビル・ゲイツのような天才がなかなか出てきません。しかし、エジソンの母親のように、子供の「なぜ？」を大切にして一緒に解決しようとする親が増えれば、エジソン級の天才が日本で登場する可能性も出てくるのではないでしょうか。

ここまで、子供の質問に親身になって解決する大切さについてお話ししてきました。とはいうものの、公式が成り立つ理由などの質問に対して、答えるのを難しく感じる方は多いのではないでしょうか。

「わかりやすく説明する」のは、実は最も難しいことです。なぜなら、頭の中でわかっていても、それを言語化し、さらに小学生でもわかるように教えることは至難（しなん）の業（わざ）だからです。ですから、親御さんが子供にどのように説明していいか迷ってしまうのは当然です。そこで、そのように困ってしまう親御さんのために本書を執筆しました。

本書では、算数の「なぜ？」「どうやって？」「〜って何？」などの質問に対して、他のどの本にもないくらいに、丁寧かつわかりやすく解説することを心がけました。お子さんに算数の質問をされたときに、本書が手助けになれば幸いです。

算数は、「数学の入り口」とも言える科目です。算数が得意である生徒は、そのまま数学が得意になる傾向が強いです。中学、高校で数学を得意教科にするためにも、算数を好きになり、得意にしていくことに大きな意味があります。算数が得意になり、スムーズに数学の学習に移行できるよう導いてあげましょう。

● 算数の本当の理解＝それを人に教えられること（学び直しや頭の体操をしたい方に向けて）

ここからは、自らのために算数を学びたい方に向けてのメッセージとなります。もちろん、お子さんに算数を教えたい親御さんも読んでいただければと思います。

あなたは算数を本当の意味で理解できているでしょうか。本当の意味で理解するということは、「人に教えられるくらいになる」ということです。もっと言うと、「小学生に説明してもわかってもらえるくらい理解する」ことだとも言えます。

ほとんどの大人の方は、「なんとなく」のレベルでなら、算数を理解しているでしょう。しかし、「どうして筆算で計算できるのか？」「どうして公式が成り立つのか？」などの疑問に対して、人に説明できるくらいに理解している人は少ないのではないでしょうか。

算数を「なんとなくわかっている状態」から、「本当に理解している状態」に引き上げることも、本書の目的です。

せっかく算数の学び直しをするなら、表面的なおさらいだけでなく、人に説明できるくらいに深く理解をしたいものです。本当の意味で理解してこそ、「ああ、こういうことだったのか」と、算数の面白さを実感することができます。

算数を表面的におさらいできる本はこれまでにもありましたが、真の意味で算数を理解できる本はほとんどありません。その意味で、本書はこれまでにない内容の濃い１冊になったと思っています。

この本を読み終わったときに「算数が本当に理解できた！」「算数ってこんなに面白かったのか！」というような感想を持っていただけたなら幸いです。本書によって、算数が好きになる人が１人でも増えることを願っています。今まで知らなかった算数の世界をお楽しみください。

それでは、さっそくはじめましょう！

CONTENTS

第2章 かけ算と割り算の「?」を解決する

第3章 小数計算の「?」を解決する

第4章 約数と倍数の「？」を解決する

第5章 分数計算の「?」を解決する

第6章 平面図形の「?」を解決する

第7章 立体図形の「？」を解決する

第8章 単位量あたりの大きさの「?」を解決する

第9章 割合の「?」を解決する

第10章 比の「？」を解決する

第11章 比例と反比例の「？」を解決する

第12章 場合の数の「?」を解決する

第13章 データの調べ方の「?」を解決する

たし算と引き算の「？」を解決する

7＋5は、どうやってけいさんするの？

15−8は、どうやって計算するの？

どうして筆算でたし算の計算ができるの？

どうして筆算で引き算の計算ができるの？

交換法則（こうかんほうそく）と結合法則（けつごうほうそく）って何？

さんすうコラム　天才少年ガウスが一瞬で答えた計算問題

7＋5は、どうやって計算するの？

1年生～

「7＋5は、どうやって計算するの？」

繰り上がりのあるたし算の計算法について、子供にこう聞かれたら、あなたはどのように教えますか？

おはじきを使う、指を曲げたり開いたりして教える、図に描いて教える、などのさまざまな教え方があります。どの教え方が良い悪いというのはないのですが、最終的には「7＋5＝12」の計算を頭の中で計算（暗算）できるようになることが目標となります。

その目標に到達するためのステップとして、おすすめするのが「さくらんぼ計算」という方法です。どんな方法か説明しましょう。

（例1） 7 ＋ 5 ＝

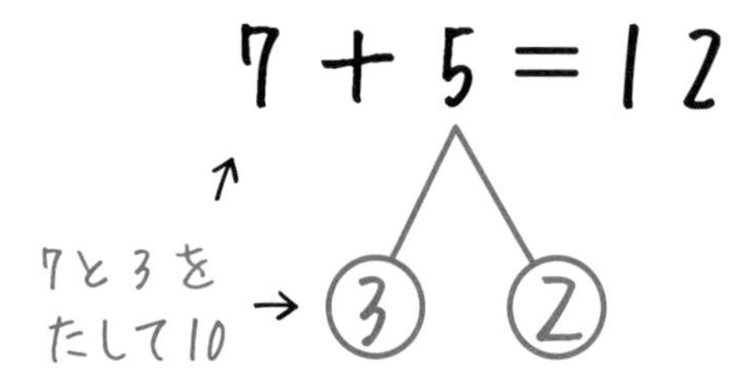

①5の下にさくらんぼを描き、5を3と2に分けて、中に書きます。

②7と3をたして10

③10とさくらんぼの残りの2をたして、答えは12となります。

この3ステップで、「7＋5＝12」と解くのが、さくらんぼ計算です。小学生にとっては、さくらんぼを描いて楽しみながらできる方法でもあります。「こんな方法、習わなかった」という方もいると思いますが、現在、多くの小学校の教科書で、この方法が採用されています。

さくらんぼ計算で小学生がつまずくのは、①の「5を3と2に分ける」ところでしょう。5を3と2に分けるためには、「7と何をたしたら10になるか」をまず考える必要があります。

繰り上がりのあるたし算を得意になるためには、この「**たして10になる数」をスムーズに言えるようになる必要があります。**つまり、次の□にあてはまる数をスラスラと言えるようになることが大切です。

1＋□＝10　2＋□＝10　3＋□＝10　4＋□＝10
5＋□＝10　6＋□＝10　7＋□＝10　8＋□＝10
9＋□＝10

実際、小学1年生の教科書では、この「たして10になる数」を練習してから、繰り上がりのあるたし算の計算に進む構成になっています。そして、**繰り上がりのあるたし算を苦手にしている子供は、この「たして10になる数」の練習が不十分である場合があります。**その場合は、まず「たして10になる数」の練習をしっかりするようにしましょう。

ところで、「7＋5は、どうやって計算するの？」と子供に尋ねられて、さくらんぼ計算ではなく、いきなり暗算のしかたを教えようとすると、うまくいかないことが多いものです。7＋5の計算をいきなり暗算するのは、子供にとってハードルが高いからです。

いきなり難しい方法を教えるのではなく、段階を踏んで徐々に教えていくことを、専門用語で「スモールステップ法」と言います。**スモールステップ法で教えることにより、教えられる側の理解がスムーズに進む**のです。

階段に例えると、一段が高い階段をのぼるのは大変です。しかし、途中に何段か入れてあげることで、のぼりやすい階段になります。

さくらんぼ計算は、繰り上がりのあるたし算の暗算ができるようになるための効果的なスモールステップだと言えます。この例に限らず、お子さんに教えるとき、急に難しいことを教えるのではなく、段階を踏んで徐々に発展的な内容を教えていくことをおすすめします。

話をもとに戻しましょう。さくらんぼ計算を頭の中でできるようになれば、1ケタ＋1ケタの繰り上がりのあるたし算の暗算ができるようになります。

また、さくらんぼ計算の考え方を使うことで、2ケタ＋1ケタや2ケタ＋2ケタのたし算もできます。まず、2ケタ＋1ケタについて、次の例をみてください。

（例2） **79 ＋ 4 ＝**

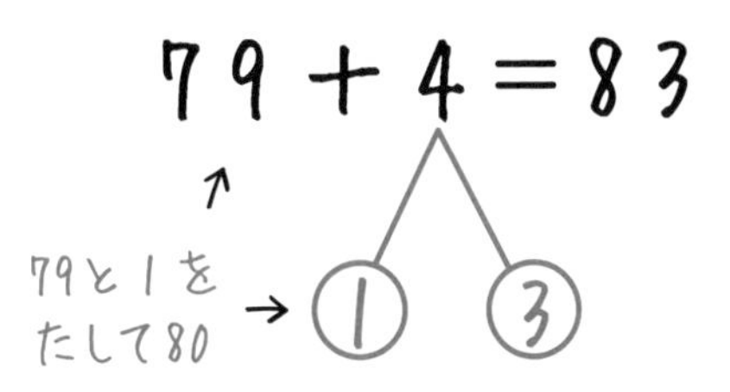

①4の下にさくらんぼを描き、4を1と3に分けて、中に書きます。

②79と1をたして80

③80とさくらんぼの残りの3をたして、答えは83となります。

このように、2ケタ＋1ケタ（または1ケタ＋2ケタ）にも、さくらんぼ計算の考え方が応用できます。次に、2ケタ＋2ケタについて、次の例をみてください。

（例3） **25 ＋ 36 ＝**

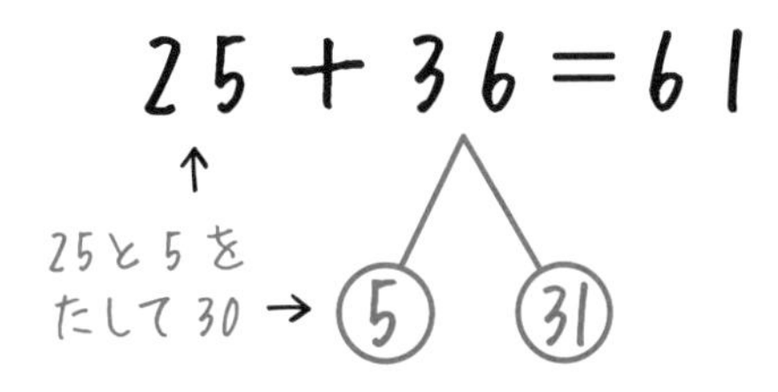

①36の下にさくらんぼを描き、36を5と31に分けて、中に書きます。

②25と5をたして30

③30とさくらんぼの残りの31をたして、答えは61となります。

このように、2ケタ＋2ケタにも、さくらんぼ計算の考え方が応用できます。

この項目では、たし算のさくらんぼ計算についてみてきました。さくらんぼ計算に慣れてきたら、さくらんぼを描かずに頭の中で計算するようにしていきましょう。

頭の中で計算できるようになったら、次のステップとして「暗記すること」をおすすめします。「3＋8＝11」や「9＋6＝15」などの、1ケタどうしのたし算の答えは、最終的に「暗記」するのが望ましいと考えています。

私たちは、かけ算の九九の答えを暗記します。正しく暗記すれば、九九の答えを間違うことはありません。同じように、1ケタどうしのたし算も答えを正しく暗記すれば、間違うことはなくなります。

1ケタどうしのたし算は、九九と同じ81通りあります。81通りですから、すべての答えを暗記することは難しいことではありません。反復練習の中で、徐々に暗記していくのが望ましいでしょう。

ところで、1ケタどうしのたし算で間違いやすいと感じる計算はありませんか？　私が小学生のときは、「7＋5」と「8＋5」の計算を苦手にしていました。このように間違いやすいと感じる計算を重点的に反復練習するのも、たし算の計算力を鍛えるひとつの方法です。

15－8は、どうやって計算するの？

1年生～

繰り下がりのある引き算も、小学校の教科書や実際の指導で「さくらんぼ計算」を使って教えられることが多いです。では、その具体的な方法をみていきましょう。

（例1） 15－8＝

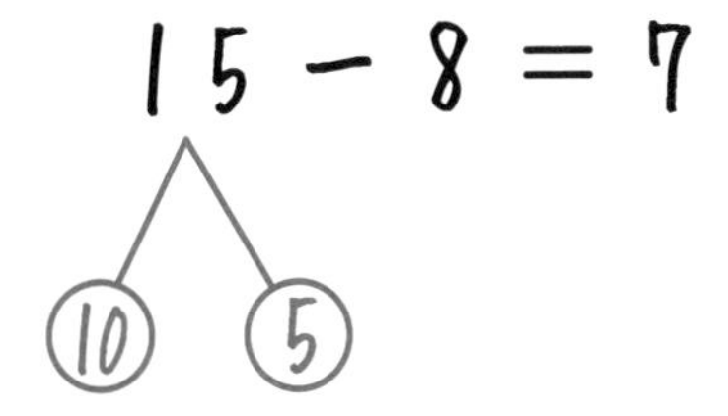

①15の下にさくらんぼを描き、15を10と5に分けて中に書きます。
②10から8を引いて2
③2と5をたして、答えは7となります。

この3ステップによって、解くことを教えられます。しかし、この3ステップを「少しややこしい」と感じられた方もいるのではないでしょうか。「いったん引いてからたす」というステップは、確かに少しややこしいと言えるかもしれません。引いてからたす方法なので、この方法を「引いてたすさくらんぼ計算」と呼ぶことにします。

一方、次のような方法でも、繰り下がりのある引き算を解くことができます。

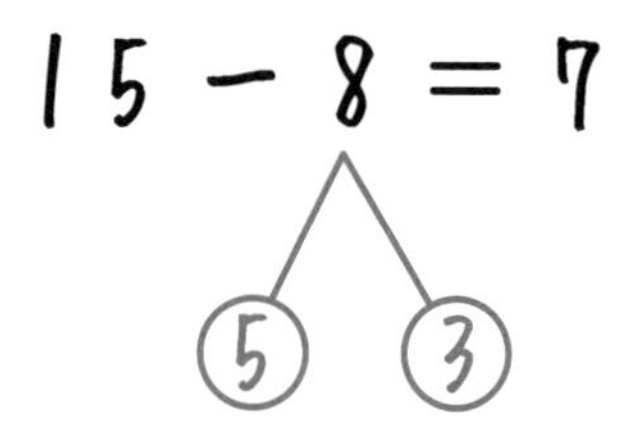

①8の下にさくらんぼを描き、8を5と3に分けて中に描きます。
②15から5を引いて10
③10から3を引いて、答えは7となります。

いったん引いて、そこからまた引く方法なので、この方法を「引いて引くさくらんぼ計算」と呼ぶことにします。この方法のほうが、計算しやすく感じる方もいるのではないでしょうか。学校では「引いてたすさくらんぼ計算」で教える場合が多いのですが、お子さんがその方法で苦戦しているなら、「引いて引くさくらんぼ計算」を教えるのもよいでしょう。

ところで、この2つの方法によって、もう少し大きな数の

2ケタ − 1ケタ

の引き算を解くことができます。次の例をみてください。

（例2） 73 − 5 =

この計算を、まず「引いてたすさくらんぼ計算」で解くと、次のようになります。

$$73-5=68$$

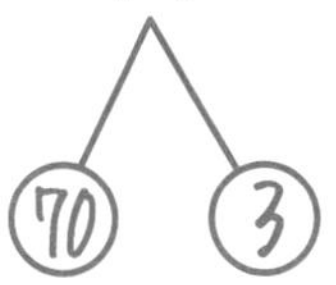

①73の下にさくらんぼを描き、73を70と3に分けて中に書きます。

②70から5を引いて65

③65と3をたして、答えは68となります。

一方、この計算を「引いて引くさくらんぼ計算」で解くと、次のようになります。

$$73-5=68$$

①5の下にさくらんぼを描き、5を3と2に分けて中に書きます。

②73から3を引いて70

③70から2を引いて、答えは68となります。

このように、2ケタ−1ケタにも、さくらんぼ計算の考え方が応用できます。

「引いてたすさくらんぼ計算」と「引いて引くさくらんぼ計算」、どちらが楽に感じたでしょうか。どちらも引き算の暗算ができるようになるためのスモールステップとして有効な方法です。

どうして筆算でたし算の計算ができるの？

2年生～

初めて筆算を習うときに、小学校の先生から「なぜ筆算で計算ができるのか」を教わるはずです。しかし、時間がたつと、筆算のやり方はわかっても、筆算で計算ができる理由を忘れてしまったり、わからなくなってしまったりすることがあります。

そこで、筆算で計算ができる理由、まずは、たし算ができる理由について、おさらいしましょう。

（例） **56 ＋ 75 ＝**

この計算を筆算で解くと、次のようになります。

$$\begin{array}{r} {\scriptstyle 1} \\ 56 \\ +\ 75 \\ \hline 131 \end{array}$$

では、この筆算で「$56+75=\underline{131}$」が求められる理由について解説していきます。ここでは、**「繰り上がるとはどういうことか」を理解することがポイント**となります。

それを理解するために、10円玉と1円玉を使って説明しましょう。「56円＋75円＝」と考えると、56円は10円玉5枚と1円玉6枚で表せます。一方、75円は10円玉7枚と1円玉5枚で表せます。そして、硬貨を使って、「56＋75」の筆算を表すと、次のようになります。

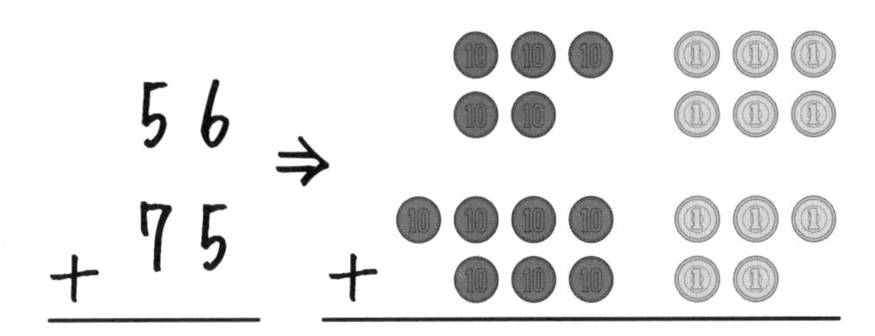

まず、1円玉（一の位）からみていきましょう。1円玉の6枚と5枚をたすと、11枚になります。1円玉11枚のうち、10枚を集めて、10円玉1枚に交換します。この10円玉1枚が十の位に繰り上がります。このように、**1円玉10枚を10円玉1枚と交換することが「繰り上がり」**です。残った1円玉1枚は、そのまま答えの一の位になります。図で表すと、次のようになります。

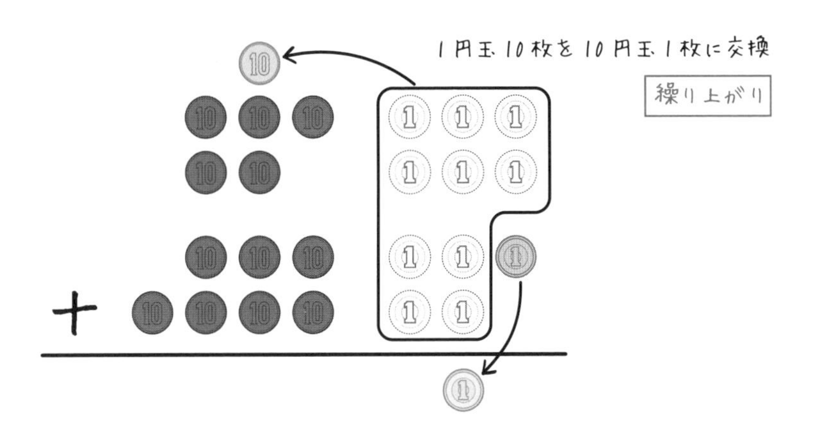

次に、10円玉（十の位）についてみていきましょう。繰り上がった10円玉1枚と5枚と7枚をたすと、13枚になります。10円玉13枚のうち、10枚を集めて、100円玉1枚に交換します。この100円玉1枚が百の位に繰り上がります。このように、**10円玉10枚を100円玉1枚と交換することも「繰り上がり」**です。残った10円玉3枚は、そのまま答えの十の位になり、繰り上がった100円玉1枚は、そのまま答えの百の位になります。図で表すと、次のようになります。

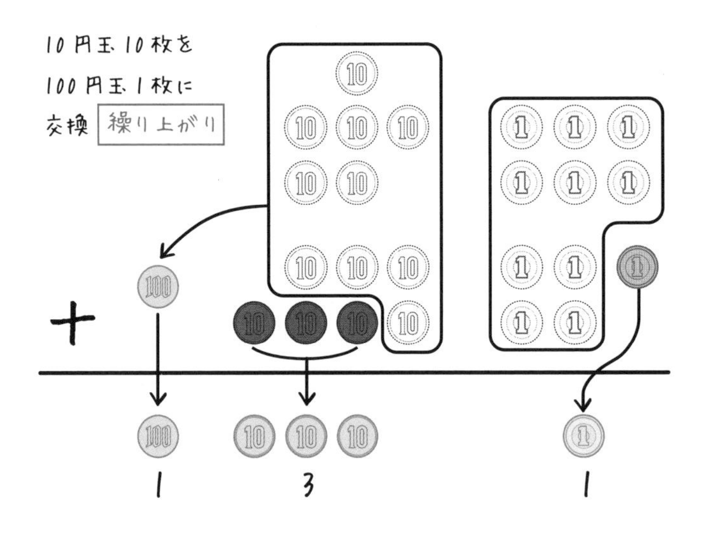

これで、「56＋75＝131」と求めることができました。このように、硬貨を使って説明することによって、筆算でたし算の計算ができる理由や仕組みがわかります。

ところで、**繰り上がりの正式な意味は、「ある位の数をたして2ケタになったとき、ひとつ上の位に数が移ること」**です。

硬貨で例えるなら、1円玉10枚を10円玉1枚と交換したり、10円玉10枚を100円玉1枚と交換したりすることが繰り上がりです。お子さんに説明するときは、実際の硬貨を使いながら、先ほどの筆算の説明をすると伝わりやすいでしょう。

では、この項目で習った「56＋75＝131」の筆算について、次の穴埋め問題を解いて復習してみましょう。

練習問題 **次の筆算について、ア〜エのかっこにあてはまる言葉や数を答えましょう。**

$$\begin{array}{r} 56 \\ +\ 75 \\ \hline 131 \end{array}$$

- 十の位を10円玉、一の位を1円玉で表す。
- 筆算では、まず一の位に注目する。1円玉6枚と5枚をたすと、11枚になる。
- 1円玉11枚のうちの（　ア　）枚が、10円玉1枚になって繰り上がる。
- 次に、十の位に注目する。繰り上がった10円玉1枚と5枚と7枚をたすと、13枚になる。
- 十円玉13枚のうちの（　イ　）枚が、100円玉1枚になって繰り上がる。
- だから、答えは（　ウ　）になる。
- このように、1円玉10枚を10円玉1枚と交換したり、10円玉10枚を100円玉1枚と交換したりすることが、（　エ　）である。

(答え)

（ア）10、（イ）10、（ウ）131、（エ）繰り上がり

どうして筆算で引き算の計算ができるの？

2年生～

次に、筆算で引き算の計算ができる理由についてみていきましょう。

（例1）52 − 18 ＝

この計算を筆算で解くと、次のようになります。

$$\begin{array}{r} \overset{4}{\cancel{5}}2 \\ -\ 18 \\ \hline 34 \end{array}$$

では、この筆算で「52 − 18 ＝ 34」が求められる理由について解説していきます。ここでは、**「繰り下がるとはどういうことか」理解することがポイント**となります。

それを理解するために、たし算のときと同じように、10円玉と1円玉を使って説明しましょう。硬貨で、「52 − 18」の筆算を表すと、次のようになります。

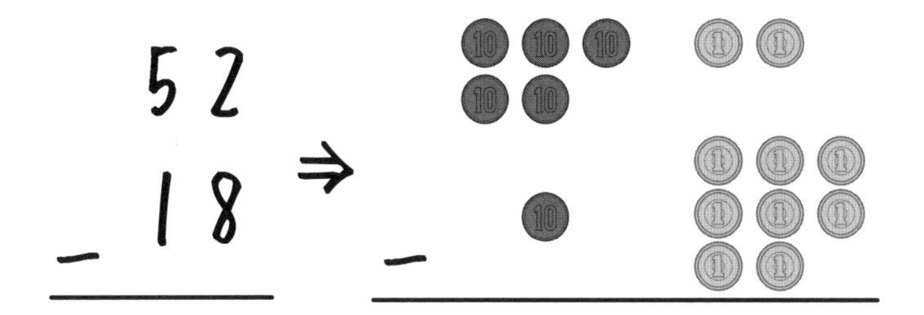

まず、1円玉（一の位）からみていきましょう。1円玉の2枚から8枚は引けません。そこで、となりの10円玉から1枚借りて、その10円玉1枚を1円玉10枚に交換します。このように、**10円玉1枚を1円玉10枚と交換することが「繰り下がり」**です。これにより、52の1円玉は、2＋10＝12枚になります。52の10円玉は、5枚から1枚減って4枚になります。図で表すと、次のようになります。

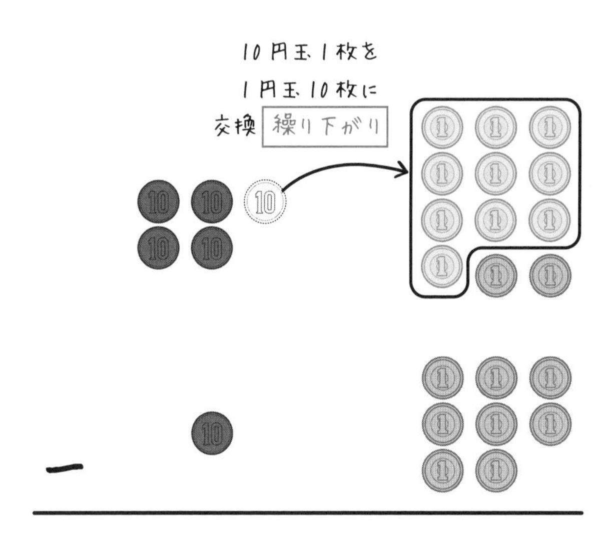

1円玉12枚から8枚を引くと、4枚になります。これが、答えの一の位になります。次に、10円玉4枚から1枚を引くと、3枚になりま

す。これが、答えの十の位になります。それを表したのが次の図です。

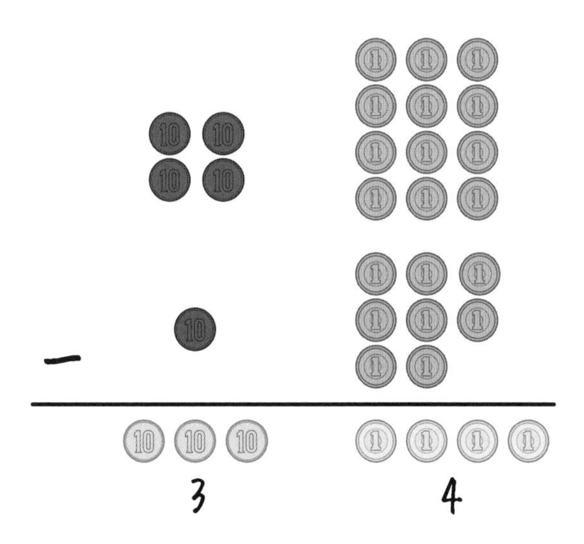

これで、「52 − 18 ＝ 34」と求めることができました。このように、硬貨を使って説明することによって、筆算で引き算の計算ができる理由や仕組みがわかります。

ところで、**繰り下がりの正式な意味は、「ある位の引かれる数に 10 を加えて、その結果、1 つ上の位が 1 小さくなること**」です。

硬貨で例えるなら、10 円玉 1 枚を 1 円玉 10 枚と交換したり、100 円玉 1 枚を 10 円玉 10 枚と交換したりすることが繰り下がりです。

ここで、繰り上がりと繰り下がりについて、まとめておきましょう。

1 円玉と 10 円玉に例えると、**1 円玉 10 枚を 10 円玉 1 枚に交換するのが「繰り上がり」**です。逆に、**10 円玉 1 枚を 1 円玉 10 枚に交換するのが「繰り下がり」**です。図で表すと、次のようになります。繰り上がりと繰り下がりの違いを理解するうえで、大事なポイントです。

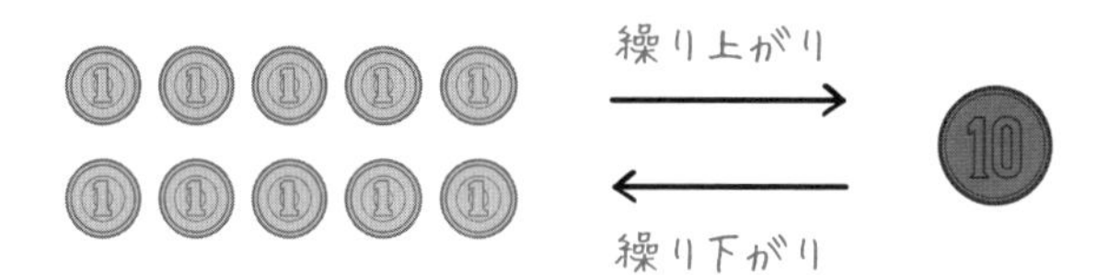

では、次の例にいきましょう。

（例2） 300 − 137 =

「300 − 137」のような計算を筆算で解くとき、どのように繰り下がるのかわからず間違う生徒がけっこういます。実際は、次のように筆算します。

```
  2 9
  3 0 0
− 1 3 7
───────
  1 6 3
```

では、この筆算で「300 − 137 = 163」が求められる理由について解説していきます。

「300 − 137」の筆算を硬貨によって表すと、次の図のようになります。300 の十の位と一の位は 0 なので、硬貨はない状態です。

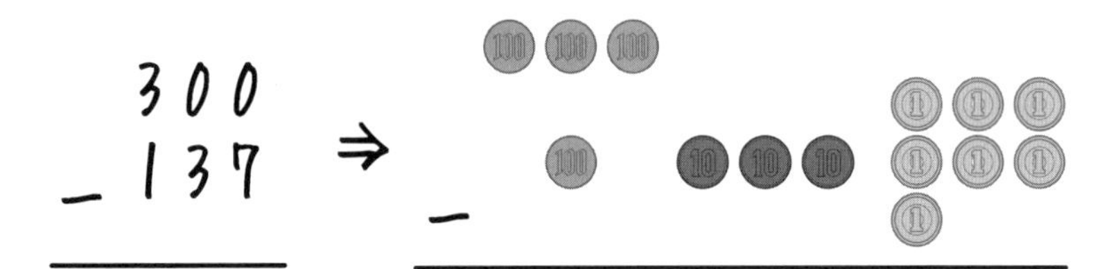

一の位についてみると、1円玉0枚から7枚を引くことができません。通常なら10円玉から1枚借りるところですが、10円玉もないので、100円玉から1枚借りることになります。300（円）の100円玉3枚から1枚を借りて、まず10円玉10枚に交換します。そして、10円玉10枚から1枚借りて、1円玉10枚に交換します。その結果、百の位には100円玉が2枚、十の位には10円玉が9枚、一の位には1円玉が10枚となります。図で表すと、次のようになります。

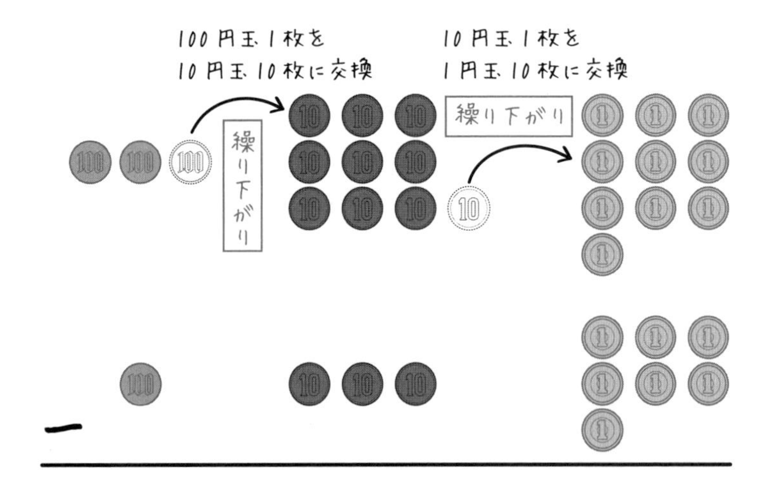

つまり、100円玉3枚を、「100円玉2枚、10円玉9枚、1円玉10枚」に交換（両替）したということです。

100円玉3枚 ⇒ 100円玉2枚
10円玉9枚
1円玉10枚
交換（両替）

そして、それぞれの位を引くと、次のように答えが求まります。

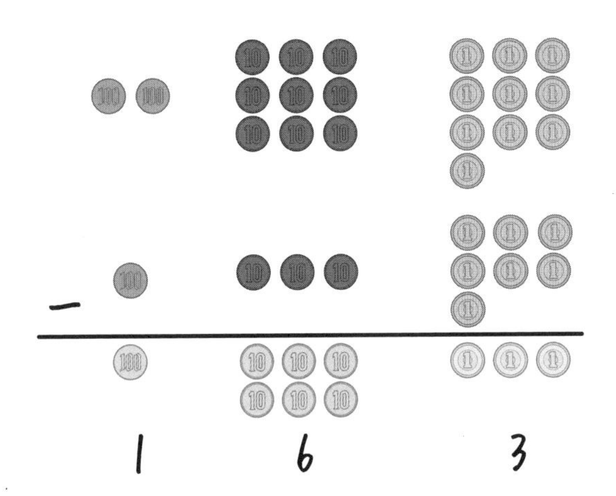

これが、筆算で「300－137＝163」を求められる仕組みです。このように、意味を知った上で筆算すると、繰り下がりのミスを少なくすることができます。

実際はやり方だけ知っていれば、それほど困らないのですが、「なぜそのようになるのか」を常に考えることによって、思考力と応用力を伸ばすことができるのです。

ところで、「300－137」を筆算で解くとき、その解き方をややこしく感じた方もいるのではないでしょうか。実際、先述した通り、どのように繰り下がるかわからずに、間違う子供がけっこういます。繰り下がりのしかたについて、子供がなかなか理解できないときに、応急処置として別の解き方を教えることがあります。

その別の解き方について説明しましょう。**「300 − 137」が、「299から137を引いて、1たすこと」と同じである**ことを利用した方法です。つまり、「$300-137=299-137+1$」のように変形できるということです。「$300-137$」は、繰り下がりのしかたがややこしかったですね。しかし、「$299-137+1$」なら、繰り下がりがないので、楽に計算できます。

実際に計算してみましょう。299から137を引くと、162になります。その162に1をたして、163と求められます。この方法なら、慣れると暗算でも解くことができるようになります。

この解き方は、300、1000、20000など、きりのよい数から引くときに使える方法です。次の例題をみてください。

（例3） 1000 − 781＝

きりのよい1000から781を引く計算です。この計算を筆算で解くと、次のようにやはり、繰り下がりのしかたがややこしくなります。

99
~~1000~~
− 781
219

しかし、先ほどの方法を利用すると、繰り下がりがなく、楽に解くことができます。つまり、「**1000 − 781**」は、「**999 から 781 を引いて、1 たすこと**」**と同じである**ことを利用すると、次のように容易に計算できるのです。

$$
\begin{aligned}
1000-781 &= 999-781+1 \\
&= 218+1=\underline{219}
\end{aligned}
$$

この方法は、お店で商品を買う際に、千円札や一万円札を出したときのおつりを求める計算にも使うことができます。なぜなら、きりのよい数から引くときに使える方法だからです。お子さんと買い物する時に、この方法を試してみるのもよいでしょう。

交換法則(こうかんほうそく)と結合法則(けつごうほうそく)って何?

2年生〜

たし算だけの式では、交換法則(こうかんほうそく)と結合法則(けつごうほうそく)が成り立ち、それぞれの法則を使うことで、すばやく正確に計算できることがあります。

まず、交換法則から説明していきましょう。**交換法則**とは「**数を並べかえても答えは同じになる**」という性質です。たし算だけの式で交換法則は成り立つので、「**たし算だけの式では、数を並べかえても答えは同じになる**」ということです。

例えば、「2 + 3」と「3 + 2」の答えは、どちらも5になります。この性質を使うと、次のような計算をスムーズに解くことができます。

(例1) **19 + 258 + 81 =**

(例1) は、交換法則を使って、次のように計算できます。

$$
\begin{aligned}
&19 + 258 + 81 \\
&= 19 + 81 + 258 \\
&= 100 + 258 \\
&= \underline{358}
\end{aligned}
$$

258と81を並べかえる

19+81(=100)を計算

「19 + 258 + 81 =」の計算を、交換法則を使わずに左から解いていくと、時間がかかり、そのぶんミスもしやすくなります。19 + 258 = 277、277 + 81 = 358 という計算が必要になるからです。

一方、19 と 81 をたせば 100 になることに気付いて、交換法則を使えば、100 + 258 = 358 と、すばやく計算できます。この計算のポイントは、「**たし算だけの式で交換法則が成り立つのを知っていること**」と「**19 と 81 をたせば 100 になるのに気付くこと**」です。

次に、結合法則について説明していきましょう。**結合法則**とは「**どこにかっこをつけても答えは同じになる**」という性質です。たし算だけの式で結合法則は成り立つので、「**たし算だけの式では、どこにかっこをつけても答えは同じになる**」ということです。

例えば、「3 + 4 + 5」「3 + (4 + 5)」「(3 + 4) + 5」の答えは、どれも 12 になります。この性質を使うと、例えば、次のような計算を楽に解くことができます。

（例2） **8 + 7 + 3 + 24 + 56 =**

（例 2）は、結合法則を使って、次のように計算できます。

$$
\begin{aligned}
&8+7+3+24+56\\
&=8+(7+3)+(24+56)\\
&=8+10+80\\
&=\underline{98}
\end{aligned}
$$

2か所にかっこをつける

7+3(=10)、24+56(=80)を計算

「8 + 7 + 3 + 24 + 56 =」の計算を、結合法則を使わずに左から解いていくと、時間がかかります。8 + 7 = 15、15 + 3 = 18、18 + 24 = 42、42 + 56 = 98 という計算が必要になるからです。

一方、「7 と 3 をたせば 10 になり、24 と 56 をたせば 80 になること」に気付いて、結合法則を使えば、8 + 10 + 80 = 98 と、すばやく計算できます。この計算のポイントは、**「たし算だけの式で結合法則が成り立つのを知っていること」**と**「7 と 3 をたせば 10 になり、24 と 56 をたせば 80 になるのに気付くこと」**です。

今度は、交換法則と結合法則のどちらも使って解く問題に挑戦してみましょう。

（例3）　9 + 22 + 33 + 11 + 8 =

（例 3）は、交換法則と結合法則を使って、例えば、次のように計算できます。

$$9+22+33+11+8$$

数を並べかえる

$$=9+11+22+8+33$$

2か所にかっこをつける

$$=(9+11)+(22+8)+33$$

9+11(=20)、22+8(=30)を計算

$$=20+30+33$$

$$=\underline{83}$$

「9 + 22 + 33 + 11 + 8 =」の計算を、左から順に解いていくと、時間がかかります。

一方、交換法則と結合法則を使えば、楽に計算できます。この計算のポイントは、「たし算だけの式で、交換法則と結合法則が成り立つのを知っていること」と「9と11をたせば20になり、22と8をたせば30になるのに気付くこと」です。たし算だけの式では、交換法則と結合法則が使えるかどうか、つねにチェックするようにしましょう。

ところで、引き算だけの式では、交換法則も結合法則も成り立ちません。

交換法則からみていきましょう。たし算では、$5+4=4+5$のように、交換法則が成り立ちます（答えはどちらも9)。一方、引き算では、$5-4$（$=1$）と$4-5$（$=-1$）の答えは同じではありません(「$4-5=-1$」は中学数学の範囲です)。

次に、結合法則についてみていきましょう。たし算では、$(3+2)+1=3+(2+1)$のように、結合法則が成り立ちます（答えはどちらも6)。一方、引き算では、「$(3-2)-1=1-1=0$」と「$3-(2-1)=3-1=2$」の答えは同じではありません。

交換法則と結合法則は、たし算だけの式では成り立ちますが、引き算だけの式では成り立たないことをおさえましょう。

さんすうコラム

天才少年ガウスが一瞬で答えた計算問題

ドイツのある小学校で、算数の先生が次の問題を出しました。

問題 1＋2＋3＋ … ＋98＋99＋100＝

「えっ〜、こんなの解けないよ！」「いじわる問題だぁ！」などと言ったり、中には、地道に1からたしていって計算しようとしたりする生徒がいたことでしょう。

そんな中、天才少年のガウスは、即座に「5050です！」と正解を答えて、先生や生徒を驚かせたと言います。

ガウスはどのように計算したのでしょうか。

1から100までの和は、次の筆算のようなかたちに表すことができます。

$$
\begin{array}{rl}
 & 1 + 2 + 3 + \cdots + 49 + 50 \\
+) & 100 + 99 + 98 + \cdots + 52 + 51 \\
\hline
 & \underbrace{101 + 101 + 101 + \cdots + 101 + 101}
\end{array}
$$

たして101になる
数の組が50組ある

つまり、1＋100＝101、2＋99＝101、…、50＋51＝101のように、たして101になる数の組が50組できます。だから、101×50＝5050と求めることができるのです。

その後もガウスは算数の授業で才能を発揮し、先生に「もう教えることは何もない」とまで言わせたそうです。ガウスは成人して数学者になり、19世紀最大の数学者の一人とまで言われるようになりました。

第2章

かけ算と割り算の「?」を解決する

2ケタ×1ケタの筆算の仕組みを教えて?
2ケタ×2ケタの筆算の仕組みを教えて?
かけ算の筆算を、楽にできる方法はないの?
17×13のような計算は、暗算では解けないの?
なぜ、0×5も0÷5も、答えは0になるの?
どうして数を0で割ってはいけないの?
割り算の筆算の仕組みを教えて?
割り算の筆算で、商の見当を1回でつけるにはどうしたらいいの?
かけ算でも交換法則と結合法則が成り立つって本当?

2ケタ×1ケタの筆算の仕組みを教えて？

3年生〜

（例1） 12 × 6 ＝

「12×6」を筆算で解くと、次のようになります。

$$\begin{array}{r} 12 \\ \times\quad 6 \\ \hline 72 \end{array}$$

どうして、筆算によって、「12×6」のような2ケタ×1ケタのかけ算の計算ができるのでしょうか。その理由を探っていきましょう。

かけ算の筆算は、**分配法則**（ぶんぱい）という計算の基本法則を利用しています。分配法則とは、次のような法則です。

【分配法則】□をどちらにもかけてたす

（○＋△）×□＝○×□＋△×□

□×（○＋△）＝□×○＋□×△

12×6なら、12を10＋2に分解すると、次のように、分配法則を使って解くことができます。

$$
\begin{aligned}
&12\times 6 \\
&=(10+2)\times 6 \quad \text{12を10+2に分解} \\
&\quad \text{6をどちらにもかけてたす} \\
&=10\times 6+2\times 6 \\
&=60+12=\underline{72}
\end{aligned}
$$

なぜ、分配法則が成り立つのか、12×6を例に解説します。12×6は、「12円が6組あると、合計でいくらになりますか。」という問題に置きかえることができます。図に表すと、次のようになります。

12円（10円玉1枚と1円玉2枚）
が6組

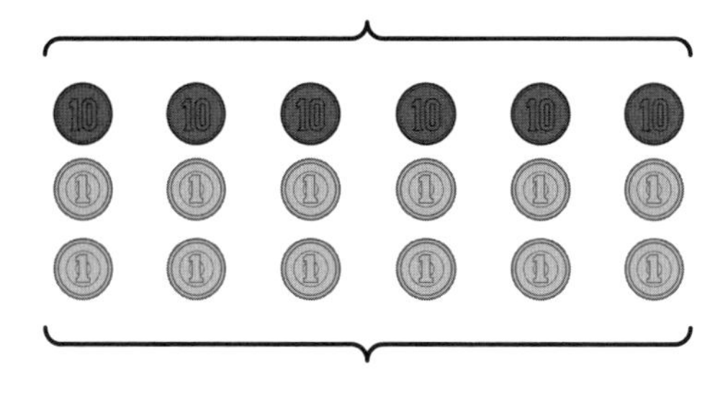

全部でいくら？
（12×6）

12×6を分配法則によって解くとき、12を10＋2に分解しました。これは、12円を10円玉1枚と1円玉2枚に分けることを意味します。これにより、12×6＝(10＋2)×6と変形します。

ここで全体に注目すると、10円玉が6枚あります。そして、1円玉2枚の組が6組あります。だから、(10＋2)×6＝10×6＋2×6と変形できます。これが、分配法則が成り立つ理由です。図で表すと、次のようになります。

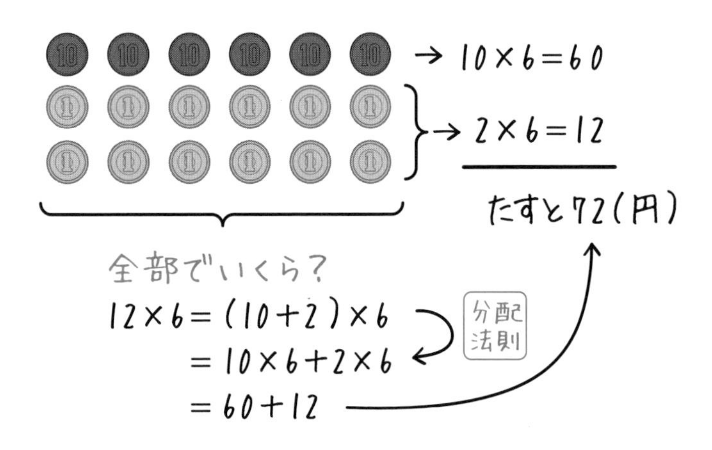

ちなみに、お子さんに分配法則について教えるときは、分配法則という言葉を無理に使わなくてもよいです。なぜなら、「こういう計算のきまりがあるんだよ」というように教えれば伝わるからです。一方、お子さんが理解できそうなら、分配法則という言葉を教えるのもよいでしょう。

話をもとに戻します。かけ算の筆算では、この分配法則の仕組みを利用しています。どういうことか説明しましょう。「12×6」の筆算を、2ケタ×2ケタの筆算のように、下にずらして解くと、次のようになります。

$$
\begin{array}{r}
12 \\
\times \quad 6 \\
\hline
12 \\
60 \\
\hline
72
\end{array}
\begin{array}{l}
\\
\\
\leftarrow〔A〕2 \times 6 \\
\leftarrow〔B〕10 \times 6 \\
\\
\end{array}
$$

つまり、〔A〕の段には、$(2 \times 6 =)$12と書き、〔B〕の段には、$(10 \times 6 =)$60と書きます。そして、この12と60をたして、答えが72と求まるのです。この筆算の解き方は、分配法則を使って計算するときと、計算の流れは同じです。

しかし、このように、わざわざずらして筆算するのは面倒なので、実際は、次のように、いきなり答えを導くのです。

$$
\begin{array}{r}
12 \\
\times \quad 6 \\
\hline
72
\end{array}
$$

これが、筆算によって、「12×6」のような、2ケタ×1ケタの計算ができる理由です。ちなみに、12×6は分配法則を使うと、次のように筆算を使わなくても解くことができました。

$$
\begin{aligned}
12 \times 6 &= (10 + 2) \times 6 \\
&= 10 \times 6 + 2 \times 6 \\
&= 60 + 12 = \underline{72}
\end{aligned}
$$

この流れを頭の中で計算できれば、12×6などの2ケタ×1ケタの計算を暗算できるようになります。もし、お子さんが、この計算の流れを習得できそうなら、教えるのもよいでしょう。例えば、次の例をみてください。

（例2） 87 × 9 =

この計算も分配法則を使うと、次のように解くことができます。

$$
\begin{aligned}
87 \times 9 &= (80 + 7) \times 9 \\
&= 80 \times 9 + 7 \times 9 \\
&= 720 + 63 = \underline{783}
\end{aligned}
$$

この解き方をマスターすれば、すべての2ケタ×1ケタの計算を暗算できるようになります。また、2ケタ×1ケタを暗算でできるようになると、割り算の筆算で商の見当をつけるときにも、役立ちます（詳しくはp.77～をご覧ください）。できれば、習得しておきたい方法です。

2ケタ×2ケタの筆算の仕組みを教えて?

3年生〜

（例） 38 × 24 =

38×24は、筆算によって、次のように解くことができます。

$$\begin{array}{r} 38 \\ \times\ 24 \\ \hline 152 \\ 76 \\ \hline 912 \end{array}$$

どうして、筆算によって、38×24のような2ケタ×2ケタのかけ算の計算ができるのでしょうか。2ケタ×2ケタの筆算も、分配法則を利用しています。

38×24を、分配法則を利用して解くと次のようになります。24のほうを、20＋4に分解して解きます（38を分解しても解けますが、ここでは24を分解します）。

$$\begin{aligned} 38 \times 24 &= 38 \times (20 + 4) \\ &= 38 \times 20 + 38 \times 4 \\ &= 760 + 152 \\ &= \underline{912} \end{aligned}$$

　このような流れで解くことができます。一方、38×24の筆算を、もう一度みてみましょう。

```
          38
        × 24
        ────
〔A〕…  152
〔B〕…  76    ← 左に1ケタずらす
        ────
         912
```

　〔A〕の段には、(38×4＝)152を書きます。そして、〔B〕の段では、38×2を計算して求めた76を、左に1ケタずらして書きますね。なぜ、76を左に1ケタずらして書くのでしょうか。その理由は、**〔B〕の段の1ケタずらした部分には、0（ゼロ）が次のように省略されている**からです。

```
                   38
                 × 24
                 ────
〔A〕38×4  →    152
〔B〕38×20 →    76(0)  ← 0が省略されている
                 ────
                  912
```

〔B〕の段では、本当は、$(38 \times 20 =)760$ と書くべきなのですが、0を省いて、左に1ケタずらして76だけを記入します。言いかえると、$38 \times 20 = 38 \times 2 \times 10$ と変形できるので、$38 \times 2 = 76$ だけを、左に1ケタずらして書くのです。

分配法則では、$38 \times 24 = 38 \times (20 + 4) = 38 \times 20 + 38 \times 4$ のように変形して解きました。筆算でも、〔A〕の段で $38 \times 4 = 152$ と書き、〔B〕の段で $38 \times 20 = 760$ と書き、それらをたして、$152 + 760 = 912$ と答えを求めることができるのです。

以上が、2ケタ×2ケタの計算を筆算で解ける理由です。少しややこしく感じたでしょうか。この原理によって、3ケタ×2ケタ、2ケタ×3ケタ、3ケタ×3ケタ、…などの計算を筆算で解ける理由も、説明することができます。

筆算のやり方を反復練習によって覚えることも大切です。しかし、「どうして筆算で計算できるのか」を分析して把握することによって、算数への理解を深めることができます。

かけ算の筆算を、楽にできる方法はないの？

3年生～

ケタの多い数のかけ算の筆算を解くのは、楽ではありません。しかし、ある条件が整ったときに、**かけ算の筆算を楽に解ける場合が2パターン**あります。今回は、その2パターンについて、みていきます。

【パターン1】 十の位が0の3ケタの数を含むかけ算

（例1） 708 × 34 ＝

3ケタの数708の十の位は0です。3ケタの数の十の位が0のとき、次のように、筆算します。

```
        7 0 8
      × 3 4
  B→ [2 8][3 2] ←A
D→ [2 1][2 4] ←C
  2 4 0 7 2
```

Aには（4×8＝）32、Bには（4×7＝）28、Cには（3×8＝）24、Dには（3×7＝）21をそれぞれ記入します。九九の結果を記入していくだけなので、繰り上がりもなく、楽に筆算することができます。

708の十の位は0で、0に何をかけても0になるので、このような計算が可能になるのです。十の位が0の3ケタの数を含むかけ算の場合は、この特性を利用するようにしましょう。

ところで、数を入れかえた「34×708＝」という問題が出たとき、次のように筆算する生徒がいます。

$$
\begin{array}{r}
34 \\
\times\ 708 \\
\hline
272 \\
238 \\
\hline
24072
\end{array}
$$

この解き方でも間違いではありません。しかし、**かけ算は数を入れかえても答えは変わらない**ことを利用し、34×708＝708×34と変形して、先ほどの九九の結果を記入して求める方法で計算したほうが、繰り上がりがないので、速く正確に解くことができます。

【パターン2】 おわりにゼロがある数のかけ算

（例2） 9700 × 260 ＝

9700や260のように、おわりにゼロがある数のかけ算を解くとき、次のように筆算する生徒がいます。

```
    9700
  × 260
  ------
    0000
   58200
  19400
 -------
 2522000
```

この解き方でも間違いではありません。しかし、時間がかかるうえ、ややこしくなって、計算ミスのもとになります。この場合は、次のように、**ゼロ以外の部分を先に計算して、後でゼロをつける**ほうが、すばやく正確に解くことができます。

①0と0以外の部分をたての点線で分ける

```
   97¦00
 × 26¦0
 ------
```

②97×26を計算する

```
   97¦00
 × 26¦0
 -------
  582¦
 194 ¦
 -------
 2522¦
```

③ゼロ3つをそのまま下におろす

```
   97¦00
 × 26¦0
 -------
  582¦
 194 ¦
 -------
 2522¦000
```

テストなどでは、念のため、答えの部分のたての線は消しておくのがよいでしょう。もしくは、たての線を書かなくても計算できるように慣れていきましょう。ところで、このような解き方ができる理由は、次のように式を変形できるからです。

$$
\begin{aligned}
9700 \times 260 &= 97 \times 100 \times 26 \times 10 \\
&= 97 \times 26 \times 100 \times 10 \\
&= (97 \times 26) \times 1000
\end{aligned}
$$

このように、「$9700 \times 260 = (97 \times 26) \times 1000$」と変形できるため、**ゼロ以外の部分を先に計算して、後で、ゼロを3つつける（1000をかける）**ようにすればよいのです。

以上、かけ算の筆算を楽に解ける2パターンについて紹介しました。これら2つのパターンはよく試験などに出てきますので、かけ算の筆算をすばやく正確に解くためにご活用ください。

17×13のような計算は、暗算では解けないの？

3年生～

日本では、9×9までの九九を暗記します。一方、インドの小学生は、19×19までを暗記していると聞くことがあります。19×19までを暗記、もしくは暗算できるようになれば便利ですね。

「17×13のような計算は、暗算では解けないの？」という質問をされたら、私なら「暗算で解けます」と答えます。例えば、先ほどの項目で紹介した分配法則を使うと、17×13は、次のように解くことができます。

$$\begin{aligned} 17 \times 13 &= (10 + 7) \times 13 \\ &= 10 \times 13 + 7 \times 13 \\ &= 130 + 91 = \underline{221} \end{aligned}$$

この過程を頭の中で計算できれば暗算できますが、ちょっとややこしいですよね。

そこで、分配法則を使うよりかんたんな暗算術を紹介しましょう。それが「おみやげ算」という方法です（私の他の本では、「超おみやげ算」として紹介している場合もありますが、本書では、「おみやげ算」で統一します）。どのような計算法か説明しましょう。

（例1） 17 × 13 をおみやげ算で解く

① 17×13の右の「13の一の位の3」をおみやげとして、左の17に渡します。そうすると17×13が20×10になります（おみやげを渡す13の一の位を0にしましょう）。

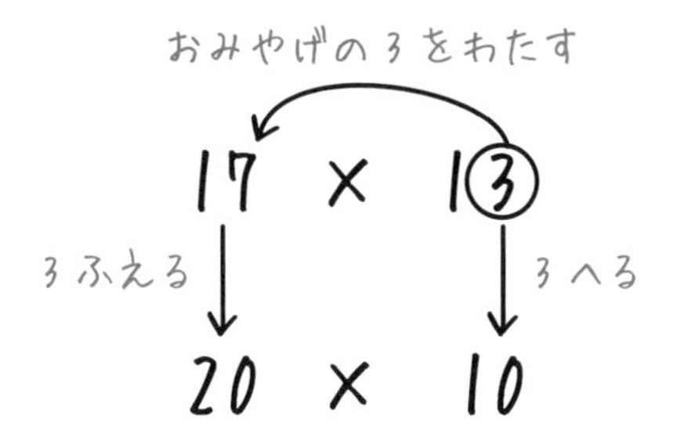

② 20×10を計算して200とします。

③ その200に、「17の一の位の7」と「おみやげの3」をかけた21をたして221とします。

これで、17×13＝221と求めることができました。「あれ？　これで解けるの？」と思うくらいかんたんな方法ですね。おみやげ算によって、**17 × 13のような、十の位が1の2ケタの数どうしのかけ算なら、どれも暗算で解ける**ようになります。

しかも、この**おみやげ算は、63 × 62のように、十の位が同じ数の2ケタの数どうしのかけ算なら、すべて使える方法**です。試しに、63×62をおみやげ算で解いてみましょう。

（例2） 63 × 62 をおみやげ算で解く

① 63×62 の右の「62 の一の位の 2」をおみやげとして、左の 63 に渡します。そうすると 63×62 が 65×60 になります（おみやげを渡す 62 の一の位を 0 にしましょう）。

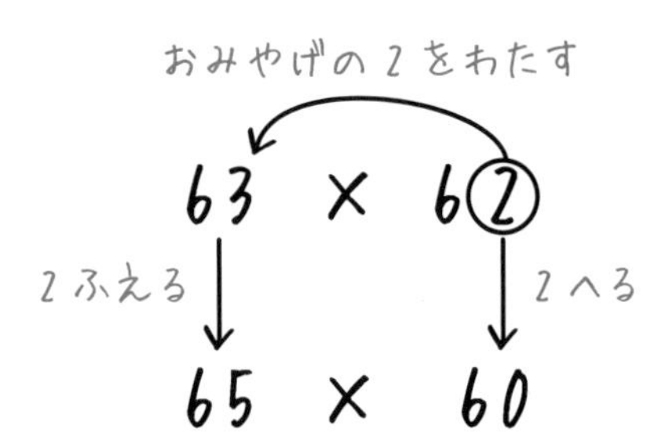

② 65×60 を、分配法則を使って計算すると、次のようになります。

$$\begin{aligned}65 \times 60 &= (60 + 5) \times 60 \\ &= 60 \times 60 + 5 \times 60 \\ &= 3600 + 300 = 3900\end{aligned}$$

③ その 3900 に、「63 の一の位の 3」と「おみやげの 2」をかけた 6 をたして 3906 とします。

これで、63×62＝$\underline{3906}$ と求めることができました。

ところで、このおみやげ算が成り立つ理由を、小学生に説明するのは難しいです。中学 3 年生で習う乗法公式の知識を使うと、次のように証明することができます。中学 3 年生以上の方向けに、念のため載せておきます。

【おみやげ算が成り立つことの証明（中学３年生以上向け）】

おみやげ算によって、「十の位が同じ２ケタの数どうしのかけ算」を計算することができる理由について説明します。

a、b、c を整数とすると、十の位が同じ２ケタの２数は、$10a+b$、$10a+c$と表せます。

そして、この２数の積は、$(10a+b)(10a+c)$ と表せます。これを展開すると、次のようになります。

$$(10a+b)(10a+c)=\mathbf{100a^2+10ab+10ac+bc} \quad \cdots①$$

一方、「十の位が同じ２ケタの２数の積」を、おみやげ算によって求めます。おみやげ算では、まず、右の数から左の数に、一の位の数のおみやげ（c）を渡します。それは、次のように表されます。

$$(10a+b)(10a+c) \rightarrow (10a+b+c)10a$$
$$=100a^2+10ab+10ac$$

この結果に、「左の数の一の位（b）」とおみやげ（c）の積 bc をたすと、次のようになります。

$$100a^2+10ab+10ac \rightarrow \mathbf{100a^2+10ab+10ac+bc} \quad \cdots②$$

①と②が同じ式になったので、おみやげ算によって、「十の位が同じ２ケタの数どうしのかけ算」を計算できることが証明できました。

このように、証明できます。これを小学生に説明するのは難しいので、小学生のお子さんには、おみやげ算の計算の仕方だけを教えるとよいでしょう。

では、この項目のおわりに、おみやげ算の練習をしてみましょう。暗算で解けるかどうか試してみてください。

練習問題 **次の計算を暗算で解きましょう。**

(1) $12 \times 18 =$　　　(2) $19 \times 13 =$

(3) $37 \times 33 =$　　　(4) $75 \times 75 =$

(答え)

(1) 12×18

$= 10 \times 20 + 2 \times 8$

$= 200 + 16 = \underline{216}$

(2) 19×13

$= 22 \times 10 + 9 \times 3$

$= 220 + 27 = \underline{247}$

(3) 37×33

$= 40 \times 30 + 7 \times 3$

$= 1200 + 21 = \underline{1221}$

(4) 75×75

$= 80 \times 70 + 5 \times 5$

$= 5600 + 25 = \underline{5625}$

なぜ、0×5も0÷5も、答えは0になるの？

3年生～

0に数をかけたり、割ったりすることがどういうことか、イメージできない小学生は多いです。

一方、大人にとっても、0の概念を理解するのは容易ではありません。ですから、お子さんに説明を求められたときに、困惑してしまうこともあるでしょう。

なぜ、0×5も0÷5も、答えは0になるのでしょうか。まずは、「0×5＝0」になる理由を探っていきましょう。

例えば、1個20円のみかんを5個買うと、合計はいくらになるでしょうか。20×5＝100円ですね。

次に、1個10円のみかんを5個買うと、合計はいくらになるでしょうか。10×5＝50円です。

では、無料のみかん（1個0円のみかん）5個の値段はいくらになるでしょうか。みかんがどれも0円なので、5個の合計額も0円（無料）です。これを式で表すと、「0×5＝0」となります。

この例では、みかん5個の値段を求めましたが、みかんの個数をかえることで、あらゆる数に同じことが成り立つことがわかります。つまり、次のことが言えるのです。

・0にどんな数をかけても、答えは0になる。　(例) 0×7＝0

次に、1本50円のえんぴつを0本買うと、合計はいくらになるか求めてみましょう。「0本買う」というのは、「1本も買わない」ことと同じ意味ですから、合計は0円です。これを式で表すと、「$50 \times 0 = 0$」となります。

この例では、1本50円のえんぴつで考えましたが、えんぴつ1本の値段をかえることで、あらゆる数に同じことが成り立つことがわかります。つまり、次のことが言えます。

・どんな数に0をかけても、答えは0になる。（例）$8 \times 0 = 0$

この性質を使って次の問題を解いてみましょう。

（例）次の計算を解きましょう。

$$5 \times 3.14 \div 7.5 \times 6 \times 0 \times 257 =$$

この例題はすぐに答えを求めることができます。なぜなら、「$\times 0$」が入っているからです。「**0にどんな数をかけても、答えは0になる**」と「**どんな数に0をかけても、答えは0になる**」という性質から、この例題の答えは0だとわかります。

子供に教えるときにも、このような例題を使って解説すれば、0の性質を実感してもらうことができます。

では次に、「$0 \div 5 = 0$」となる理由を調べましょう。

例えば、10個のみかんを5人で分けると、1人分は何個になるでしょうか。$10 \div 5 = 2$個ですね。

次に、5個のみかんを5人で分けると、1人分は何個になるでしょうか。$5 \div 5 = 1$個ですね。

では、0個のみかんを5人で分けると、1人分は何個になるでしょうか。0個のみかんというのは、「みかんが1つもない」ことを表します。みかんが1つもないので、5人で分けようとしても、誰も1つも、もらうことができません。だから、0÷5＝0です。

この例では、5人で分ける例で考えましたが、分ける人数をかえることで、あらゆる数に同じことが成り立つことがわかります。つまり、次のことが言えます。

・0をどんな数で割っても、答えは0になる。　（例）0 ÷ 10 ＝ 0

ただし、0を0で割る計算はできません。それについては、次の項目で詳しくお話しします。

いろんな計算に0は出てきます。0の概念をつかむことは容易ではありませんが、「0×5も0÷5も、答えは0になる」理由を教えることで、その考え方をつかむきっかけになります。

どうして数を0で割ってはいけないの？

発展

小学算数や中学数学では、「数を 0 で割ってはいけない」と教えられます。では、どうして、数を 0 で割ってはいけないのでしょうか。

例をあげて説明しましょう。

例えば、「5÷0 の答えは何になるの？」と聞かれたら、どう答えればよいのでしょうか。

「5÷0＝」の答えを□とすると、「5÷0＝ □」になります。そして、これをかけ算に直すと、「0× □ ＝5」となります。この□にあてはまる数が答えです。

しかし、ひとつ前の項目でみたとおり、0 に何をかけても 0 になります。つまり、「0× □ ＝5」の□にあてはまる数はないのです。ですから、答えを求めることはできません。まとめると、次のようになります。

5÷0＝□

↓ かけ算に直す

0×□＝5

この□にあてはまる数はない

↓

答えが求められない

実際、ふつうの電卓で「5÷0」の計算をすると、「E（エラー）」と表示されます。一方、パソコンのWindowsに付属している電卓で「5÷0」の計算をすると、「0で割ることはできません」と表示されます。

ところで、「0÷0＝」の答えは何になると思いますか。先ほどと同じように答えを□とすると、「0÷0＝ □」になります。そして、これをかけ算に直すと、「0× □ ＝0」となります。

0に何をかけても0になるので、「0× □ ＝0」の□にはどんな数を入れても成り立つのです。ですから、あえて言うなら答えは「すべての数」ということになります。まとめると、次のようになります。

0÷0＝□
↓ かけ算に直す
0×□＝0
□にどんな数を入れても成り立つ
↓
あえて言うなら答えは「すべての数」

ふつうの電卓で「0÷0」の計算をすると「5÷0」と同じように、「E（エラー)」と表示されます。一方、パソコンのWindowsに付属している電卓で「0÷0」の計算をすると、「結果が定義されていません」と表示されます。

小学生に、5÷0や0÷0の答えを質問されたら、上記の説明をしたうえで、「0で割ることはできないとおさえておけばいいんだよ」と答えるとよいでしょう。小学校のテストなどで、5÷0や0÷0を求める問題は、原則として出題されないので、その意味では安心してください。

ところで、iPhoneなどに搭載されているアップル社の音声認識アプリ「Siri」に「0÷0は？」と尋ねると、「0÷0＝ 不定」と画面に表示されたあと、Siriが次のように答えます。

「0個のクッキーがあって、それを友達0人で割るとします。クッキーは1人あたり何個になるでしょうか…ほら、無意味でしょう？
　結局クッキーモンスターに全部食べられてしまうんですよ。それに、友達がいないとさみしいですよね。」

Siriは、0÷0が「無意味」だと言い、そして、友達0人で割るということに対して、「友達がいないとさみしい」と言っているのです。なかなか面白い答えですね。iPhoneをお持ちの方は、お子さんと一緒に試してみるのもよいでしょう。

Siriはユーモアのある回答を答えてくれましたが、コンピュータのプログラムに、0で割る計算をさせるとバグを起こす場合があります。それが実際に起こった有名な話があります。

1997年9月に、アメリカの「ヨークタウン」という巡洋艦が搭載していたコンピュータで、乗組員が誤って0で割る計算をしてしまい、すべてのシステムがダウンしてしまいました。その結果、「ヨークタウン」は2時間半にわたって航行不能に陥りました。0で割る計算をしてしまったことで、アメリカの巡洋艦さえも故障してしまったのです。

割り算の筆算の仕組みを教えて？

4年生〜

（例） 92 ÷ 4 ＝

「92÷4＝」を筆算で解くと、次のようになります。

```
    23
 4)92
   8
  ---
   12
   12
  ---
    0
```

どうして、筆算によって、92÷4のような割り算の計算ができるのでしょうか。その理由を探っていきましょう。

92÷4は、「92円を4人で分けると、1人いくらずつもらえますか」という問題に置きかえることができます。そして、92円は、10円玉9枚と1円玉2枚によって表すことができます。

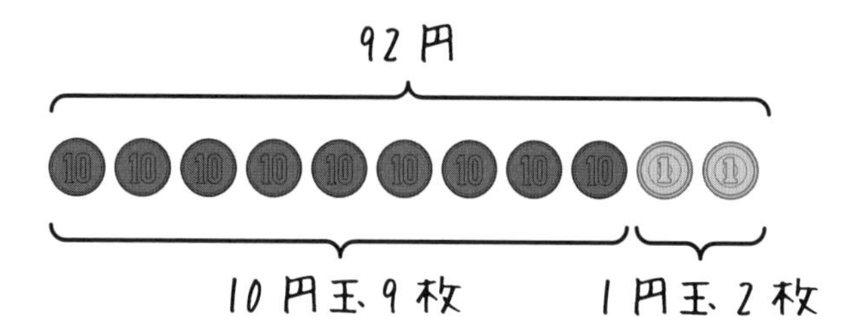

92円（10円玉9枚と1円玉2枚）を4人で分けていきます。まず、**10円玉9枚を4人に同じ枚数ずつ分ける**ことを考えましょう。「9÷4＝2あまり1」ですから、1人2枚ずつを4人で分ければ、同じ枚数ずつ分けることができます。そして、10円玉が1枚あまります。この状況を筆算と対応させると、次のようになります。

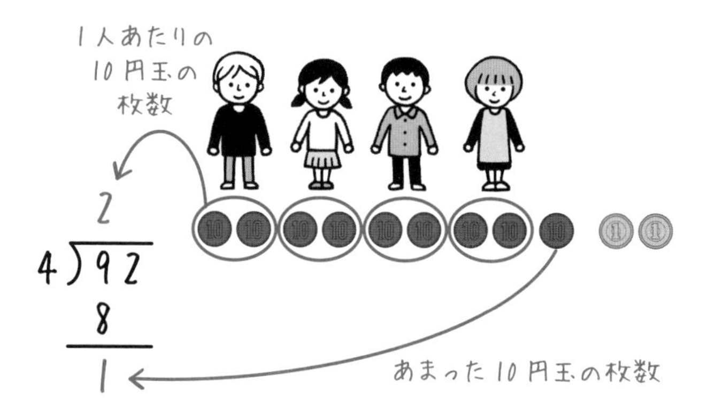

あまった10円玉1枚を1円玉に両替すると、1円玉10枚になります。もともとあった2枚と合わせて、1円玉は12枚になります。この12枚は、筆算での「92の2」をおろしてできた数の12に対応します。図で表すと、次のようになります。

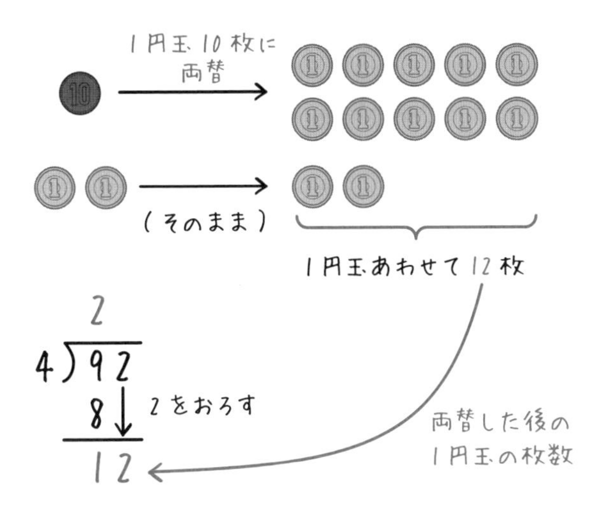

次に、**この1円玉12枚を4人で分けます。**「12÷4＝3」なので、1円玉を1人3枚ずつ分けることができます。結局、1人につき、10円玉2枚と1円玉3枚のあわせて23円ずつを分けることができました。

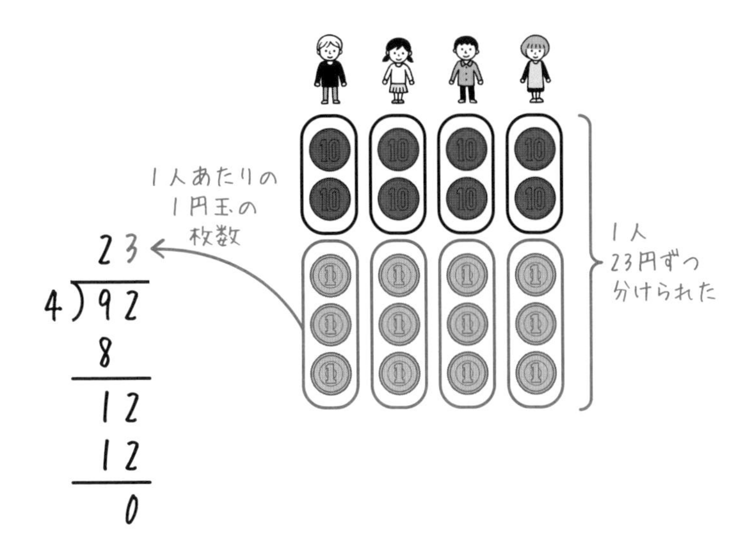

以上のような仕組みで、筆算によって「92÷4＝23」の計算ができるのです。このように、硬貨を使いながら説明すると、割り算の原理を理解しやすいです。実際の硬貨を使いながら、説明するのもよいでしょう。

割り算の筆算の原理を知らなくても、算数の授業やテストで困ることはあまりないでしょう。しかし、このように原理をある程度知ったうえで解くと、より深く考える習慣がついて、数に対する感覚も強くすることができます。

割り算の筆算で、商の見当を1回でつけるにはどうしたらいいの？

4年生～

「**割り算の筆算で商の見当をうまくつけられない**」というのは、多くの小学生がぶつかる壁です（商とは、割り算の答えのことです）。割り算の商の見当を1回でつけるためには、どうすればよいのでしょうか。

まず、失敗例からみていきましょう。次の例題をみてください。

（例1） **4592 ÷ 56 =**

架空の生徒、Aくんと B くんを例に話していきます。

まず、Aくんが 4592 ÷ 56 を筆算で解きます。Aくんは**概数の考え方**を使って、商の十の位の見当をつけることにしました。十の位の見当をつけるためには、「459 ÷ 56」の商の見当をつける必要があります。

ここに何がくるか？
（459÷56 の商の見当をつける）

□
56)4592

そこで、459 と 56 をそれぞれ概数にして、「460 ÷ 60」にして考えました。「460 ÷ 60 ＝ 7 あまり 40」なので、十の位に商 7 がくると見当をつけて計算すると、次のようになりました。

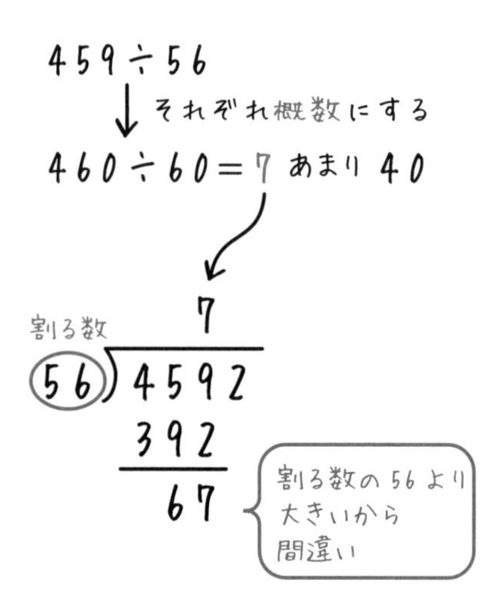

この場合、「459 から 392 を引いた 67 が、割る数の 56 より大きい」ので、**商 7 の見当が間違い**であることがわかります。このようなときは、**さらに大きい商の見当をつける必要があります。**

一方、B くんは**切り捨ての考え方**を使って、商の十の位の見当をつけることにしました。459 と 56 の一の位を切り捨てて、「450 ÷ 50」にして考えました。「450 ÷ 50 ＝ 9」なので、十の位に商 9 がくると見当をつけて計算すると、次のようになりました。

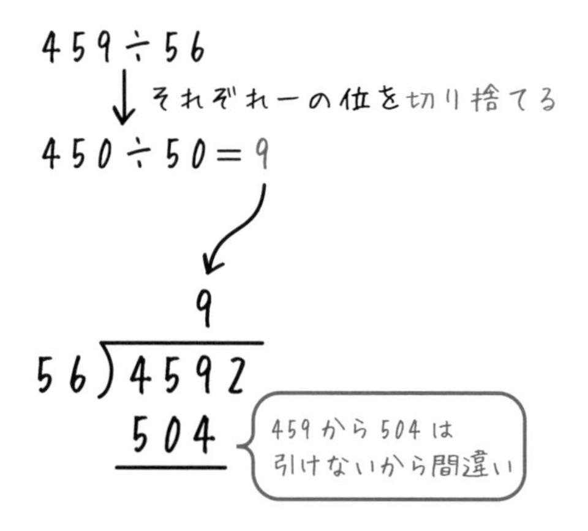

この場合、「56と9をかけた504が、459より大きくて引けない」ので、**商9の見当が間違い**であることがわかります。このようなときは、さらに小さい商の見当をつける必要があります。

概数の考え方を使ったAくん、**切り捨ての考え方**を使ったBくんともに、1回で商の見当をつけることはできませんでした（ただし、概数や切り捨ての考えを使って、1回で商の見当をつけることができる場合もあります）。

商の見当を間違った場合、もう一度、商をたてなおす必要があり、それは時間のロスになります。すばやく計算できるようになるために、商の見当を1回でつけられるようになりたいものです。では、割り算の商の見当を1回でつけるためには、どうすればよいのでしょうか。

結論から言うと、「2ケタ×1ケタを暗算できる」ようになれば、商の見当を1回でつけられるようになります。

どういうことか説明しましょう。4592÷56の計算では、商の十の位の見当をつけるために、459÷56の商の見当をつける必要がありました。「459÷56＝□」として、これをかけ算になおすと、「56×□＝459」となります。「56×□＝459」で、「答えが459を超えない最大の□」を求めればよいのです。

このとき、2ケタ×1ケタの暗算ができれば、56×8＝448と計算でき、□に8があてはまることがわかります。つまり、正しい商である8の見当をつけることができるのです（ちなみに、4592÷56の正しい答えは82です）。

$$459 \div 56 = \square$$

↓ かけ算に直す

$$56 \times \square = 459$$

8 を入れると、56×8=448 となり
459 を超えない最大の数になる

正しい見当

$$\begin{array}{r} 8 \\ 56 \overline{)4592} \\ 448 \\ \hline 11 \end{array}$$

2 ケタ ×1 ケタの暗算は、p.50 〜で紹介した分配法則の考え方を使って根気強く練習すればできるようになります。56 × 8 なら、次のように分配法則で解くことができます。

$$56 \times 8$$

$$= (50+6) \times 8$$

56 を 50+6 に分解

8 をどちらにもかけてたす

$$= 50 \times 8 + 6 \times 8$$

$$= 400 + 48 = 448$$

このように、**2 ケタ ×1 ケタの暗算ができることによって、単にかけ算の暗算ができるだけでなく、割り算の筆算で商の見当をつけるときに役立つのです。**

ところで、例にあげた 4592 ÷ 56 は、2 ケタの数で割る割り算でした。2 ケタ ×1 ケタの暗算ができるようになれば、次の例のように、**3 ケタの数で割る割り算の筆算で商の見当をつけるときにも役立ちます。**

（例2） 19836 ÷ 348 ＝

この計算では、次のように、「1983÷348」の商の見当をつける必要があります。

「1983÷348」の商の見当をつけるとき、**348を上から2ケタの概数にして350にする**と、「1983÷350」となります。そして、「1983÷350＝□」として、これをかけ算になおすと、「350×□＝1983」となります。「350×□＝1983」で、「答えが1983を超えない最大の□」を求めればよいのです。このとき、2ケタ×1ケタの暗算によって、35×5＝175であることがわかれば、350×5＝1750であることもわかります。これにより、正しい商である5の見当をつけることができます（ちなみに、19836÷348の正しい答は57です）。

割る数の348を、上から2ケタの概数の350にして、2ケタ×1ケタの暗算をすることで、正しい商の見当をつけることができました。

348は3ケタの数でしたが、**割る数が4ケタ以上でも、上から2ケタの概数にすることによって、同じ方法で見当をつけることができます。** 例えば、7891で割る計算なら、上から2ケタの概数の7900に直して見当をつければよいのです。

ひとつ注意してほしいのは、割る数が3ケタ以上の場合、概数にして見当をつけるので、まれに見当が外れる場合があることです。しかし、精度が高い見当のつけ方であることにはかわりありません（割る数が2ケタの場合、確実に見当をつけることができます）。

以上、正しい商の見当をつける方法についてみてきました。先ほども述べた通り、見当を間違えて計算し直すのは、時間のロスになります。2ケタ×1ケタの暗算をマスターして、すばやく計算できるようにしていきましょう。

かけ算でも交換法則と結合法則が成り立つって本当？

3年生～

たし算だけの式（p.44 参照）と同様、かけ算だけの式でも、交換法則と結合法則が成り立ちます。

まず、交換法則からみていきましょう。「**かけ算だけの式では、数を並べかえても答えは同じになる**」という性質があります。例えば、「3 × 4」と「4 × 3」の答えは、どちらも 12 になります。この性質を使うと、次のような計算をスムーズに解くことができます。

（例1） **5 × 93 × 20 =**

（例 1）は、交換法則を使って、次のように計算できます。

$$
\begin{aligned}
&5 \times 93 \times 20 \\
&= 5 \times 20 \times 93 \\
&= 100 \times 93 \\
&= \underline{9300}
\end{aligned}
$$

93 と 20 を並べかえる

5×20（=100）を計算

「5 × 93 × 20 =」の計算を、交換法則を使わずに左から解いていくと、時間がかかり、そのぶんミスもしやすくなります。5 × 93 = 465、465 × 20 = 9300 という計算が必要になるからです。

一方、5と20をかければ100になることに気付いて、交換法則を使えば、$100 \times 93 = 9300$ と、すばやく計算できます。この計算のポイントは、「かけ算だけの式で交換法則が成り立つのを知っていること」と「5と20をかければ100になるのに気付くこと」です。

次に、結合法則についてみていきます。「**かけ算だけの式では、どこにかっこをつけても答えは同じになる**」性質があります。例えば、「$3 \times 4 \times 5$」、「$(3 \times 4) \times 5$」、「$3 \times (4 \times 5)$」の答えは、どれも60になります。この性質を使うと、次のような計算をすばやく解くことができます。

（例2） $11 \times 45 \times 2 =$

（例2）は、結合法則を使って、次のように計算できます。

$$
\begin{aligned}
&11 \times 45 \times 2 \\
&= 11 \times (45 \times 2) \\
&= 11 \times 90 \\
&= \underline{990}
\end{aligned}
$$

45×2にかっこをつける

45×2（=90）を計算

「$11 \times 45 \times 2 =$」の計算を、結合法則を使わずに左から解いていくと、時間がかかります。$11 \times 45 = 495$、$495 \times 2 = 990$ という計算が必要になるからです。

一方、「45と2をかければ90になること」に気付いて、結合法則を使えば、$11 \times 90 = 990$ と、すばやく計算できます。この計算のポイントは、「**かけ算だけの式で結合法則が成り立つのを知っていること**」と「**45と2をかければ90になるのに気付くこと**」です。

今度は、交換法則と結合法則のどちらも使って解く問題に挑戦してみましょう。

（例3） **25 × 5 × 56 × 2 × 4 =**

（例3）は、交換法則と結合法則を使って、例えば、次のように計算できます。

$$25 \times 5 \times 56 \times 2 \times 4$$
$$= 25 \times 4 \times 5 \times 2 \times 56$$
$$= (25 \times 4) \times (5 \times 2) \times 56$$
$$= 100 \times 10 \times 56$$
$$= \underline{56000}$$

数を並べかえる

2か所にかっこをつける

25×4（=100）、5×2（=10）を計算

「25 × 5 × 56 × 2 × 4 =」の計算を、左から順に解いていくと、時間がかかります。

一方、交換法則と結合法則を使えば、楽に計算できます。この計算のポイントは、「**かけ算だけの式で、交換法則と結合法則が成り立つのを知っていること**」と「**25と4をかければ100になり、5と2をかければ10になるのに気付くこと**」です。かけ算だけの式では、交換法則と結合法則が使えるかどうか、計算前に常に確認するようにしましょう。

ところで、割り算だけの式では、交換法則も結合法則も成り立ちません。

交換法則からみていきましょう。かけ算では、5 × 4 = 4 × 5 のように、交換法則が成り立ちます（答えはどちらも 20）。一方、割り算では、5 ÷ 4（= 1.25）と 4 ÷ 5（= 0.8）の答えは同じではありません（小数については、第 3 章で学びます）。

次に、結合法則についてみていきましょう。かけ算では、(10 × 5) × 2 = 10 × (5 × 2) のように、結合法則が成り立ちます（答えはどちらも 100）。一方、割り算では、「(10 ÷ 5) ÷ 2 = 2 ÷ 2 = 1」と「10 ÷ (5 ÷ 2) = 10 ÷ 2.5 = 4」の答えは同じではありません。

交換法則と結合法則は、かけ算だけの式では成り立ちますが、割り算だけの式では成り立たないことをおさえましょう。

小数計算の「？」を解決する

小数のたし算、引き算の筆算は、どうして小数点をそろえるの？
小数のかけ算（筆算）の仕組みを教えて？
小数のかけ算と割り算で、小数点の移動のしかたはどう違うの？
あまりの出る「小数÷小数」の筆算の仕組みを教えて？
2÷0.4＝5は、答えがなぜ2よりも大きくなるの？
循環小数って何？

小数のたし算、引き算の筆算は、どうして小数点をそろえるの？

3年生～

小数のたし算、引き算の筆算では、小数点をそろえて計算します。次の例題をみてください。

（例1） **次の計算を筆算で解きましょう。**

3.52 ＋ 2.1 ＝

（例1）の小数のたし算の筆算は、小数点をそろえて、次のように計算します。

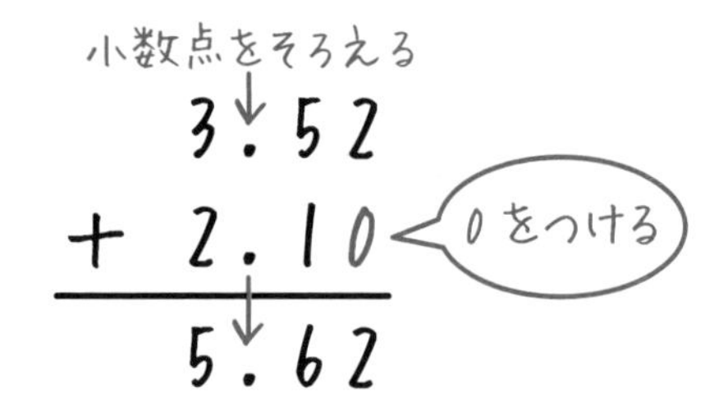

筆算の流れを説明します。まず、2.1に0をつけて、2.10とします。そして、整数の「352＋210」と同じように計算して、562を求めます。それから、小数点をそのままおろして、答えの5.62が求められます。

（例1）では、**小数点をそろえて筆算する**のと、**はじめに2.1に0をつけて、2.10として計算する**のがポイントです。

3.52は、「1が3つ、0.1が5つ、0.01が2つ」からできています。一方、2.1は、「1が2つ、0.1が1つ」からできています。そして、筆算で3.52と2.1をたすとき、**小数点をそろえることによって、同じ位**

どうしをたすことができます。だから、小数点をそろえて筆算する必要があるのです。図で表すと、次のようになります。

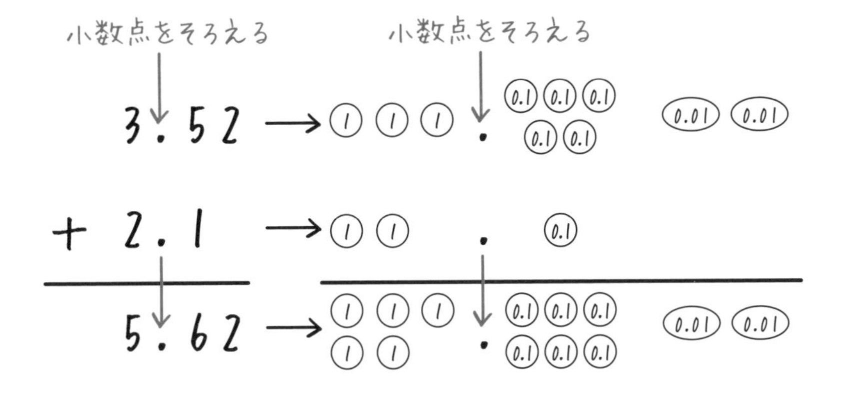

小数の引き算の筆算でも、同じ理由で小数点をそろえて計算する必要があります。小数のたし算と引き算について、次の例題をみてください。

（例2） **次の計算を筆算で解きましょう。**

（1）3.89 ＋ 2.61 ＝　　　**（2）5.8 － 1.72 ＝**

では、（例2）の（1）から解いていきましょう。小数点をそろえて筆算すると次のようになります。

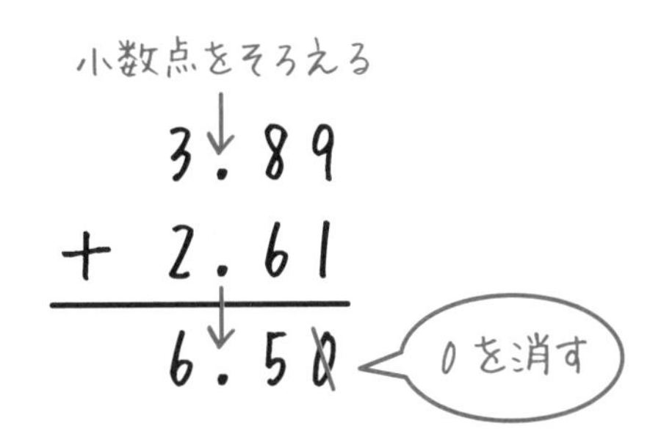

筆算の流れを説明します。まず、整数の「389＋261」と同じように計算して、650を求めます。そして、小数点をそのままおろして、6.50とします。最後に、6.50の0を消して、答えの6.5が求められます。

（1）では、**小数点をそろえて筆算する**のと、答えの**小数第二位が0になったので、その0を消す**のがポイントです。

（例2）の（2）にいきましょう。小数点をそろえて筆算すると次のようになります。

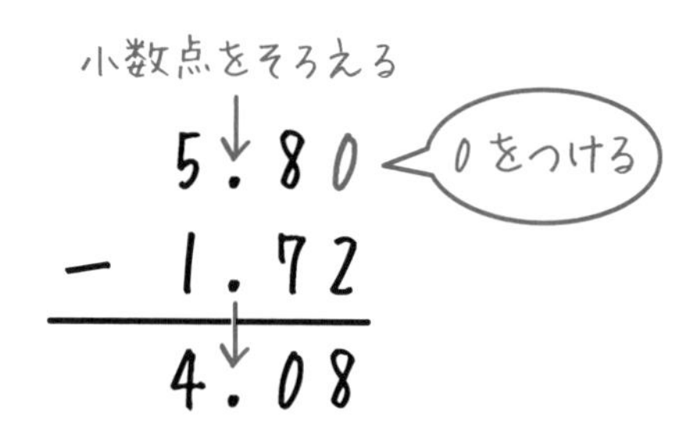

筆算の流れを説明します。まず、5.8に0をつけて、5.80とします。そして、整数の「580－172」と同じように計算して、408を求めます。それから、小数点をそのままおろして、答えの4.08が求められます。

（2）では、**小数点をそろえて筆算する**のと、**はじめに5.8に0をつけて、5.80として計算する**のがポイントです。

小数のたし算、引き算の筆算で、一番のポイントは「小数点をそろえる」ことです。この後に習う、小数のかけ算の筆算では、小数点をそろえないので、その違いに注意しましょう。

小数のかけ算（筆算）の仕組みを教えて？

4年生～

小数のかけ算は、なぜ筆算によって解けるのでしょうか。この項目では、小数のかけ算の筆算の仕組みについて考えていきます。

まずは、「小数 × 整数」の筆算からみていきましょう。次の例題をみてください。

（例1） **2.3 × 6 =**

（例 1）の計算を筆算で解くとき、次のように、整数のかけ算（23 × 6）と同じように解き、小数点をおろして、13.8 とします。

$$\begin{array}{r} 2.3 \\ \times \quad 6 \\ \hline 13.8 \end{array}$$

どうして、この解き方で、「2.3 × 6 = 13.8」の計算ができるのでしょうか。その仕組みを探っていきましょう。

2.3 × 6 を筆算で解くとき、まず、整数のかけ算（23 × 6）と同じように解きました。つまり、**「小数の 2.3」を 10 倍して「整数の 23」として計算している**わけです。10 倍するということは、小数点が次のように、1 ケタ右に動くことを意味します。

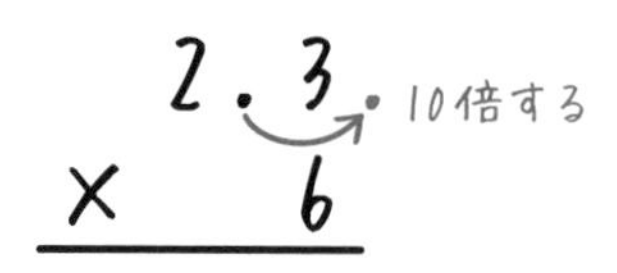

そして、整数のかけ算（23 × 6）と同じように解くと138が求まりますが、この138をそのまま答えにするのは間違いです。2.3を10倍したので、答えも10倍になるからです。そのため、138を10で割ると正しい答えが求まります。10で割るということは、小数点が次のように、1ケタ左に動くことを意味します。

2.3
× 6
13.8.
10で割る

これにより、答えが13.8と求まります。**2.3の小数点を1ケタ右に動かしたので、138の小数点を1ケタ左に動かして、13.8としました。**同じずつ左右に動かすので、「小数 × 整数」では、小数点をそのまま下におろせばよいのです。

2.3
× 6
13.8

ちなみに、2.3×6 の計算は、第2章で紹介した分配法則（p.50～）を使うと、暗算でも解くことができます。まず、小数点を外した 23×6 を次のように、分配法則を使って解きます。

$$
\begin{aligned}
23 \times 6 &= (20 + 3) \times 6 \\
&= 20 \times 6 + 3 \times 6 \\
&= 120 + 18 = 138
\end{aligned}
$$

分配法則を使って、$23 \times 6 = 138$ と求まりました。この 138 に小数点をつけて 13.8 とすればよいのです。

では次に、「小数 × 小数」の筆算について、みていきましょう。

（例2） 3.18 × 6.4 ＝

この計算を筆算で解くとき、次のように、まず整数のかけ算（318×64）と同じように解きます。

```
      3.18
 ×     6.4
 ---------
     1272
   1908
 ---------
   20352
```

（途中までは）←整数のかけ算と同じように解く

次に、3.18 の小数点の右にある 2 ケタと、6.4 の小数点の右にある 1 ケタをたして、$2 + 1 = 3$ とします。そして、20352 の右から 3 ケタのところに小数点をうって、次のように、答えが 20.352 と求まります。

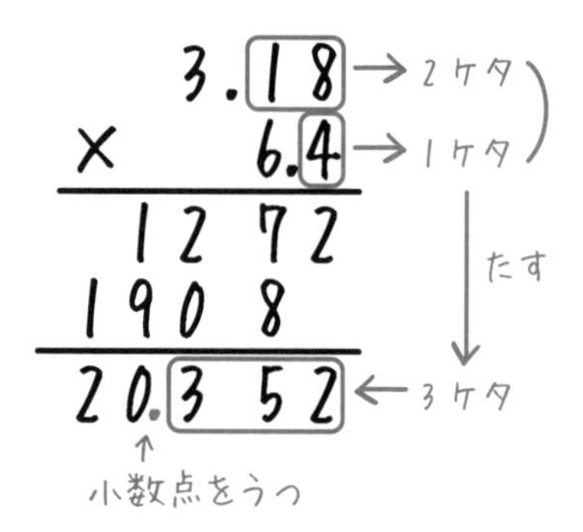

どうして、この解き方で、「3.18 × 6.4 = 20.352」の計算ができるのでしょうか。その仕組みを探っていきましょう。

3.18 × 6.4 を筆算で解くとき、まず、整数のかけ算（318 × 64）と同じように解きました。つまり、「小数の 3.18」を 100 倍して「整数の 318」とし、「小数の 6.4」を 10 倍して「整数の 64」として計算したわけです。100 倍すると、小数点が 2 ケタ右に動き、10 倍すると、小数点が 1 ケタ右に動きます。100 倍して、さらに 10 倍するということは、実際の答えの（100 × 10 =）1000 倍の数が求まるということです。

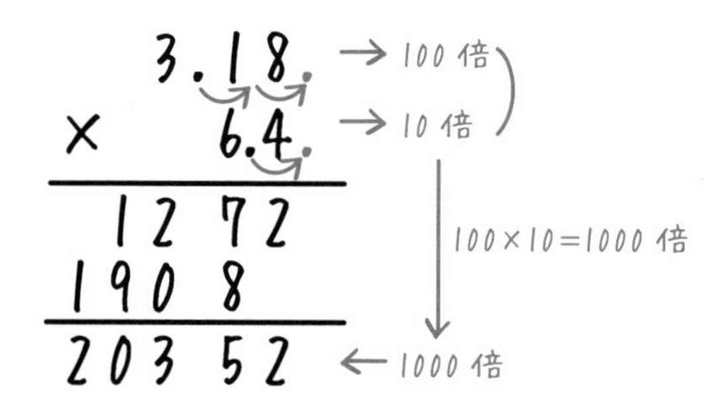

そして、整数のかけ算（318×64）と同じように解くと20352が求まります。しかし、これは答えを1000倍した数なので、20352を1000で割る必要があります。1000で割るということは、小数点が次のように、3ケタ左に動くことを意味します。

```
    3.18
×    6.4
--------
   1272
 1908
--------
 20.352.
```

小数点を左に3ケタ移動
=1000で割る

これにより、答えが20.352と求まります。**3.18の小数点を2ケタ右に動かし、6.4の小数点を1ケタ右に動かしたので、20352の小数点を（2＋1＝）3ケタ左に動かして、20.352とした**のです。これが、「小数 × 小数」の筆算の仕組みです。

小数のかけ算の筆算では、「どこに小数点をうつか」というのがポイントです。正しい位置に小数点をうって、小数の計算に強くなっていきましょう。

小数のかけ算と割り算で、小数点の移動のしかたはどう違うの？

4年生～

小数のかけ算と割り算で、小数点の移動のしかたをマスターすると、計算がぐっと楽になります。まずは、小数のかけ算からみていきましょう。

（例1） **7200 × 0.08 =**

この計算をそのまま筆算で解こうとする生徒がいます。しかし、それでは、ややこしい計算になり、間違いやすくなります。一方、「**小数点のダンス**」（私の造語です）という方法を使うと、かんたんに解くことができます。どのような方法か解説していきます。

かけ算では、小数点は次のようにダンス（移動）します。

【かけ算での小数点のダンスのしかた】
→かけ算では、小数点が**左右逆の方向に、同じ数のケタだけダンス**（移動）する。

どういうことか説明しましょう。まず、7200×0.08 の 0.08 を整数にします。0.08 の小数点を右に 2 ケタ移動すると、整数の 8 になります。ですから、次のように、小数点を右に 2 ケタだけピョンピョンとダンス（移動）させます。

$$7200 \times 0.08.$$

小数点が右に2ケタ移動
（ダンス）

このままでは答えが違ってくるので、7200も小数点をダンスさせます。**かけ算では、小数点が左右逆の方向に同じ数のケタだけダンスする**ので、次のように、7200の小数点を左に2ケタだけダンスさせましょう。これにより、$7200 \times 0.08 = 72 \times 8$ と変形することができます。

$$72.00. \times 0.08. = 72 \times 8$$

小数点が左右逆の
方向に2ケタ移動
（ダンス）

0.08の小数点を右に2ケタ移動することは「100をかけること」を意味します。一方、7200の小数点を左に2ケタ移動することは「100で割ること」を意味します。100をかけてから100で割るので、もとのままの正しい答えを求めることができるのです。

話を戻しましょう。$7200 \times 0.08 = 72 \times 8$ と変形することができました。72×8 は、分配法則を使うと、次のように解くことができます。

$$\begin{aligned} 72 \times 8 &= (70 + 2) \times 8 \\ &= 70 \times 8 + 2 \times 8 \\ &= 560 + 16 = 576 \end{aligned}$$

これで、$7200 \times 0.08 = 72 \times 8 = \underline{576}$ と求めることができました。

ところで、小数点のダンスのしかたを知っておくと、後に習う「割合」の単元での計算が楽になる場合があります。例えば、「7200円の8%はいくらですか」というような問題を解くために、7200×0.08 の計算が必要になります。このとき、小数点のダンスによって

$$7200 \times 0.08 = 72 \times 8$$

と変形できれば、楽に計算できます。

次に、小数の割り算について、みていきましょう。小数の割り算では、小数点は次のようにダンス（移動）します。

【割り算での小数点のダンスのしかた】

→割り算では、小数点が**左右同じ方向に、同じ数のケタだけダンス（移動）**する。

どういうことか、次の例題を解きながら解説していきます。

（例2） 35 ÷ 0.07 =

まず、$35 \div 0.07$ の 0.07 を整数にします。0.07 の小数点を右に2ケタ移動すると、整数の7になります。ですから、次のように、小数点を右に2ケタだけダンス（移動）させます。

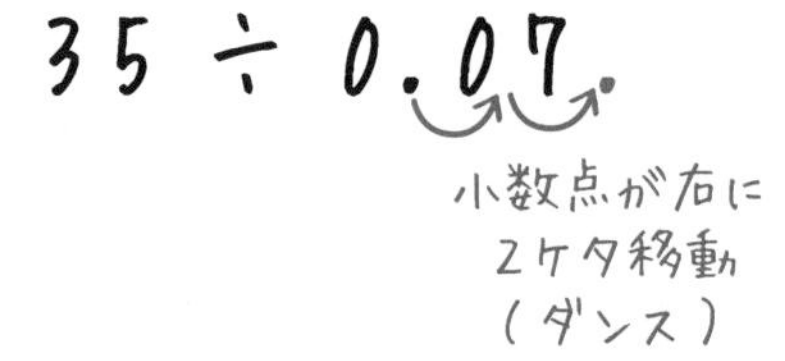

0.07だけ小数点をダンスさせたのでは答えが違ってきます。ですから、35も小数点をダンスさせます。**割り算では、小数点が左右同じ方向に、同じ数のケタだけダンスする**ので、次のように、35の小数点も右に2ケタだけダンスさせましょう。数字がないところには、次のように0を追加します。

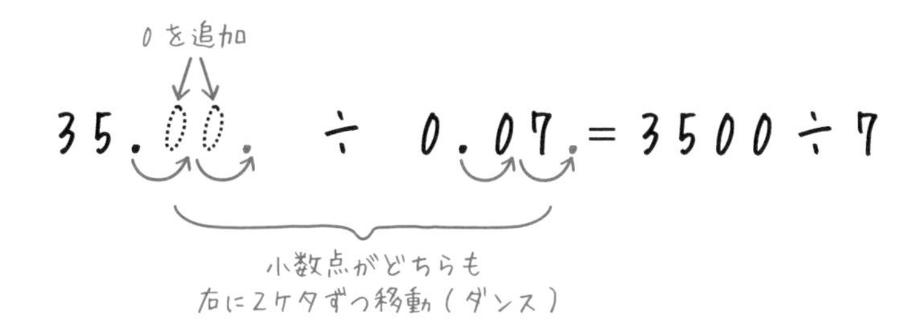

これで、35÷0.07＝3500÷7と変形することができました。3500÷7＝500なので、35÷0.07＝3500÷7＝500と答えを求めることができます。

割り算には、「**割られる数と割る数に、同じ数をかけても割っても、答えはかわらない**」という性質があります。小数点のダンスは、この性質を利用しています。（例2）では、0.07と35の小数点を右に2ケタだけダンスさせました。小数点を右に2ケタだけダンスさせることは、「100倍すること」を意味しています。割られる数の35と、割る数の0.07のどちらも100倍したので、答えはかわらないのです。

ところで、割り算でも小数点のダンスを利用すれば、「割合」の計算で楽になることがあります。例えば、「ある学校の全生徒数の7%が35人のとき、この学校の全生徒数は何人ですか」というような問題を解くために、35÷0.07の計算が必要になります。この場合も、やはり小数点のダンスを知っていると解きやすくなります。

割り算の小数点のダンスを利用すれば、次のような計算も楽に解くことができます。

（例3） **4800000 ÷ 30000 =**

この計算では、4800000と30000の小数点をどちらも左に4ケタだけダンスすると、次のように、式を変形できます。

$$480.0000. \div 3.0000. = 480 \div 3$$

4800000÷30000＝480÷3と、式を変形できました。そして、480÷3＝<u>160</u>と求めることができるのです。

以上、かけ算と割り算の小数点の移動のしかたについてみてきました。**かけ算では、小数点が左右逆の方向に移動し、割り算では、小数点が同じ方向に移動**します。かけ算と割り算の小数点の移動の違いをおさえて、計算を楽にしていきましょう。

あまりの出る「小数÷小数」の筆算の仕組みを教えて？

5年生〜

あまりの出る「小数 ÷ 小数」の筆算は、苦手とする生徒が多い計算です。その仕組みについて説明する前に、まず、割り切れる「小数 ÷ 小数」の筆算の解き方についてみていきましょう。次の例をみてください。

（例1） **21.75 ÷ 2.9 =**

（例 1）のような、**小数で割る筆算では、割る数の小数点を動かして整数にしてから計算**していきます。割る数の 2.9 の小数点を右に 1 ケタだけ移動すると、整数の 29 になります。一方、割られる数の 21.75 の小数点も右に 1 ケタだけ移動して、217.5 とします。

2.9.)21.7.5

割る数の 2.9 を
整数の 29 にする

2.9 も 21.75 も、小数点を右に 1 ケタだけ移動してから計算するのです。これは、ひとつ前の項目で紹介した小数点のダンスの性質を使っています。「**割り算では、小数点が左右同じ方向に、同じ数のケタだけダンス（移動）する**」という性質です。

小数点を移動したあと、整数と同じように筆算します。最後に217.5の小数点をそのまま上にあげて、次のように、答えが7.5と求まります。

```
         7.5
     ┌──────
2.9.)21.7.5
     20 3
     ──────
       145
       145
     ──────
         0
```

では、次の例題に進みましょう。あまりの出る「小数 ÷ 小数」についての問題です。

（例2）28.7 Lの水があります。この水を、1本1.5 Lのペットボトルにいっぱいに入れていきます。何本のペットボトルに水が入って、何Lあまりますか（できるだけ多くの本数のペットボトルに水を入れるものとします）。

（例2）を解くためには、28.7 ÷ 1.5 の商を一の位まで求めて、あまりも出す必要があります。

このように、小数で割る計算であまりも求める問題は、小数点のつけ方がややこしく、間違える人も多いので注意しましょう。割る数1.5と割られる数28.7の小数点をどちらも右に1ケタだけ移動し、計算していくと、次のようになります。

ここから、生徒が間違いやすいところに入ります。次のように、「小数点を動かした後の287.」の小数点をそのまま下におろして、あまりを2としてしまう生徒が多いのです。

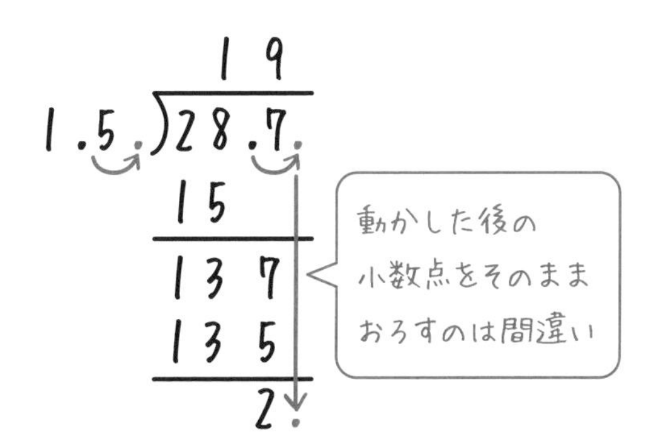

この場合、「19あまり2」つまり、「19本入って、2Lあまる」を答えにしてしまうことになるのですが、これは間違いです。2Lあまるなら、1.5Lのペットボトルにもう1本入れられることからも、明らかに間違いだとわかります。

正しくは、次のように、「**小数点を動かす前の28.7**」の小数点をそのままおろして、あまりを0.2とするようにしましょう。

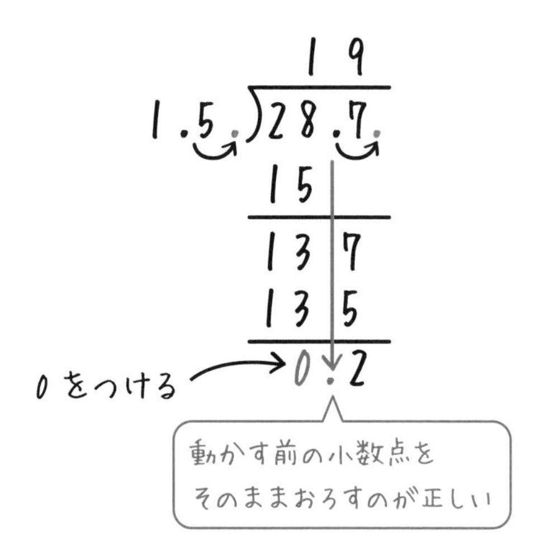

これにより、「19本入って、0.2Lあまる」と答えが求まります。

つまり、あまりは、**動かす前の小数点**をそのまま下におろしてつける必要があるのです。商とあまりの小数点のつけ方の違いをまとめると、次のようになります。

【商とあまりの小数点のつけ方の違い】

商　　　…　動かした後の小数点をそのまま上にあげてつける

あまり　…　動かす前の小数点をそのまま下におろしてつける

商とあまりで小数点のつけ方が違うことは大事なポイントなので、おさえておきましょう。

ではなぜ、あまりには、動かす前の小数点をそのまま下におろしてつける必要があるのでしょうか。その理由を探りましょう。

「28.7÷1.5」の筆算で、小数点をそれぞれ右に1ケタずらして「287÷15」の計算をしましたね。これは、「28.7L÷1.5L」を、

「287 dL ÷ 15 dL」と単位を変換して計算したのと同じことです。

1 L = 10 dL ですから、28.7 L は 287 dL に、1.5 L は 15 dL にそれぞれ変換できます。

1.5.)28.7.

⇓

28.7 ÷ 1.5 を 287 ÷ 15 にする

⇓

28.7L ÷ 1.5L を 287dL ÷ 15dL にする

そして、「287 dL ÷ 15 dL」の筆算をしていくと、「19 あまり 2」と求まりました。これは、「19 あまり 2 dL」という意味です。しかし、「何 L あまるか」を求めないといけないので、2 dL = 0.2 L というように、単位をもとの L に戻して答えにする必要があります。ですから、答えは「19 あまり 0.2 L」となります。

```
          1 9
1.5.dL)28.7.dL
       15
       ----
       137
       135
       ----
         2dL → 0.2L
```

計算の流れをまとめます。まず「28.7 L ÷ 1.5 L」を、「287 dL ÷ 15 dL」と単位を変換して計算しました。それによって、「19 あまり 2 dL」と求まりますが、あまりをもとの単位（L）に戻す必要があるので、正しい答えは「19 あまり 0.2 L」となるのです。

これが、「あまりには、動かす前の小数点をそのまま下におろしてつける」理由です。

小数で割る計算であまりも求めるとき、商とあまりの小数点のつけ方の違いを機械的に覚えて計算する生徒もいます。しかし、このように、商とあまりの小数点のつけ方が違う仕組みを知ることによって、より深く理解しながら計算していくことができるのです。

2÷0.4＝5は、答えがなぜ2よりも大きくなるの？

5年生〜

「2÷0.4＝5」という計算では、割られる数の2より、答えの5のほうが大きくなっています。0.4のように、1より小さい数で割ると、答えは割られる数よりも大きくなります。このように、「割るのに答えが大きくなる」ことに、違和感を持つ生徒がいます。

なぜそうなるかを説明するために、「**2mのリボンを1人に0.4mずつ分けると、何本に分けることができますか**」という問題に置きかえて考えるとよいでしょう。

2mのリボンを0.4mずつ分けると、次のようになります。

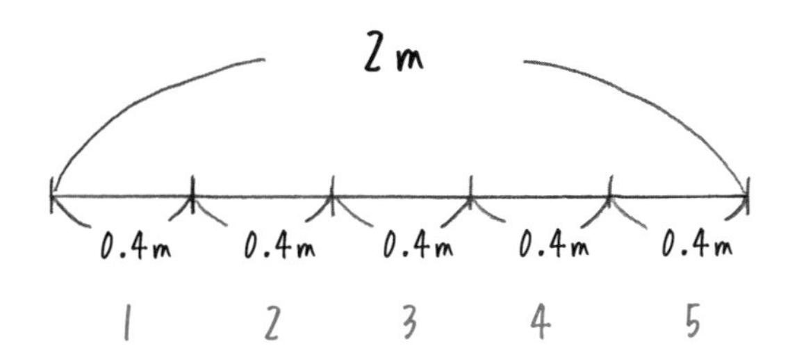

これにより、答えが5本と求まり、「2÷0.4＝5」という計算の意味も理解しやすくなります。

ところで、**割り算には2つの意味があります。**「6÷2」を例にすると、次のようになります。

【6÷2 の 2 つの意味】

(1) 6 を 2 等分すると何になるか

(2) 6 の中に 2 は何個あるか

(1) の意味を「等分除(とうぶんじょ)」と言い、(2) の意味を「包含除(ほうがんじょ)」と言います。

「割るのに答えが大きくなる」ことに違和感を持つ生徒は、割り算を (1) の等分除の意味だけでとらえていることが多いです。割り算には、(1) の意味だけでなく、(2) の包含除の意味(「6 の中に 2 は何個あるか」という意味)もあることを知れば、「割るのに答えが大きくなる」ことに違和感を持つことはなくなるでしょう。

「2÷0.4」という式の意味は「**2 の中に 0.4 がいくつあるか**」ということです。リボンの文章題におきかえて考えたのは、(2) の包含除の意味を知ってもらうためでした。「**割り算には 2 つの意味がある**」ことを、できるだけ早い段階で理解するようにしておきたいものです。

循環小数って何？

発展

例えば「0.1 ÷ 8」を計算すると、答えは 0.0125 となり、割り切れます。0.0125 のように、**小数点以下のケタの数が有限である（限りがある）小数**のことを、有限小数と言います。

一方、無限小数とは、**小数点以下のケタの数が無限に（限りなく）続く小数**のことです。

例えば、「51 ÷ 3.3」を計算すると、答えは 15.454545…となり、割り切れません（小数点以下に 45 がずっと続きます）。15.454545…のように、**無限小数のなかで、ある位以下において、同じ数字の並びが繰り返される小数**を、循環小数と言います。

無限小数のなかには、循環しないものもあります。小学算数では「**循環しない無限小数**」が 1 つだけ出てくるのですが、何だと思いますか？

小学算数のなかで、ただ 1 つ出てくる「循環しない無限小数」は、円周率です（円周率については p.192 を参照）。

円周率は、3.14159265…と続く「循環しない無限小数」で、同じ数字の並びは繰り返されません。小学算数では、円周率はふつう 3.14 を使います。3.14 は有限小数なので、厳密には「小学校で『循環しない無限小数』について学ぶ」とは言えないのですが、知っておいてもよい知識でしょう。

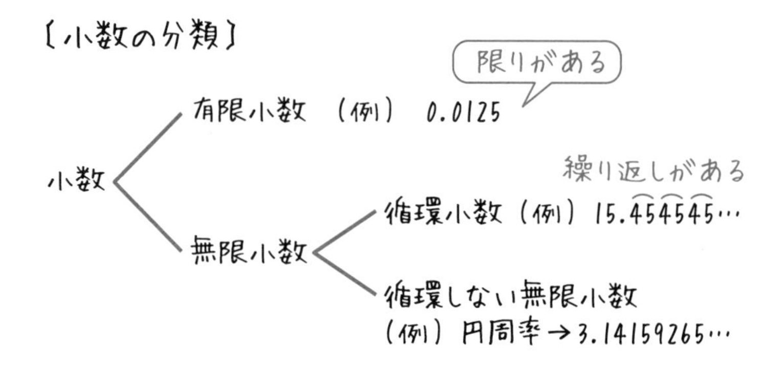

ところで、循環小数についての面白い計算があるので紹介しましょう。

（例1） 1 ÷ 81 =

不思議な計算結果になるので、時間がある方は、筆算で、どんな循環になるか確かめてください。結果的には、次のようになります。

$$1 \div 81 = 0.0123456790123456790123\cdots$$

「012345679」が繰り返されている

小数点以下に「012345679」が繰り返されるのですね。8が抜けているのも興味深いところです。もう一例みてみましょう。

（例2） 1 ÷ 9801 =

これを計算すると、次のようになります。

$$
\begin{aligned}
1 \div 9801 = 0.&00\ 01\ 02\ 03\ 04\ 05\ 06\ 07\ 08\ 09\\
&10\ 11\ 12\ 13\ 14\ 15\ 16\ 17\ 18\ 19\\
&20\ 21\ 22\ 23\ 24\ 25\ 26\ 27\ 28\ 29\\
&30\ 31\ 32\ 33\ 34\ 35\ 36\ 37\ 38\ 39\\
&40\ 41\ 42\ 43\ 44\ 45\ 46\ 47\ 48\ 49\\
&50\ 51\ 52\ 53\ 54\ 55\ 56\ 57\ 58\ 59\\
&60\ 61\ 62\ 63\ 64\ 65\ 66\ 67\ 68\ 69\\
&70\ 71\ 72\ 73\ 74\ 75\ 76\ 77\ 78\ 79\\
&80\ 81\ 82\ 83\ 84\ 85\ 86\ 87\ 88\ 89\\
&90\ 91\ 92\ 93\ 94\ 95\ 96\ 97\ 99\ 00\\
&01\ 02\ 03\ 04\ 05\ 06\ 07\cdots
\end{aligned}
$$

この計算結果に驚かれた方もいるのではないでしょうか。数の神秘が感じられる計算とも言えます。「1 ÷ 9801 =」の計算では、小数点以下に「00　01　02　03　…　96　97　99」が繰り返されます。98 だけが欠けているのも不思議ですね。面白い計算の一例として、お子さんに話してみるのもよいでしょう。

さんすうコラム

おみやげ算を使って、小数のかけ算を解いてみよう!

p.62～では、おみやげ算を使って、十の位が同じの数の2ケタの数どうしのかけ算を解く方法について述べました。

おみやげ算で、小数どうしのかけ算を解くこともできるので、解説していきます。

ここでは、一の位が1で、小数第一位までの数どうしのかけ算を、おみやげ算を使って解いていきましょう。

(例) **1.6 × 1.8 =**

① 1.6と1.8をそれぞれ10倍して、まず「16 × 18」をおみやげ算で解きます。

② 16 × 18の右の「18の一の位の8」をおみやげとして、左の16に渡します。そうすると、16 × 18が24 × 10(= 240)となります。

③ その240に、「16の一の位の6」と「おみやげの8」をかけた48をたして288とします。

④ ①で1.6と1.8をそれぞれ10倍しているので、「1.6 × 1.8」の答えを(10 × 10 =)100倍したものが288です。そのため、「1.6 × 1.8」の答えは、288 ÷ 100 = 2.88です。

この方法を使えば、**一の位が1で、小数第一位までの数どうしのかけ算**はすべて、おみやげ算を使って解くことができます。また、**一の位が同じで、小数第一位までの数どうしのかけ算**もおみやげ算を使って解けるので、挑戦してみましょう。

第4章

約数と倍数の「？」を解決する

約数の書きもれを防ぐにはどうしたらいいの？
（最大）公約数をすばやく見つけるにはどうしたらいいの？
（最小）公倍数をすばやく見つけるにはどうしたらいいの？
最大公約数、最小公倍数を区別するにはどうしたらいいの？
公約数や公倍数が理解しやすくなる図があるって本当？
どうして1は素数（そすう）じゃないの？

約数の書きもれを防ぐにはどうしたらいいの？

5年生〜

ある整数を割り切ることのできる整数を、その整数の約数と言います。約数についての次の例題をみてください。

（例1）　18の約数を全部求めましょう。

18 の約数とは、「18 を割り切ることのできる整数」です。18 を割り切ることのできる整数を探すと、次のようになります。

$18 \div 1 = 18$　　$18 \div 2 = 9$　　$18 \div 3 = 6$

$18 \div 6 = 3$　　$18 \div 9 = 2$　　$18 \div 18 = 1$

18 は、1、2、3、6、9、18 で割り切ることができます。ですから、18 の約数は、1、2、3、6、9、18 です。

このように解けばいいのですが、ある生徒が間違って、次のように答えてしまったとしましょう。

答え　1、2、3、9、18　←―― まちがい！

この生徒は、18 が 6 で割り切れることに気付かず、6 を書き忘れているのです。このような約数の書きもれは、よくあるミスなので注意したいところです。では、どうすれば、約数の書きもれを防ぐことができるのでしょうか。

約数の書きもれを防ぐために有効なのは、「**オリを使う解き方**」です。同じ例題を使って、どんな解き方か説明します。

【オリを使った約数の見つけ方】

（例2）　18の約数を全部求めましょう。

①　次のように、オリを書きましょう。動物園にあるようなオリのイメージです。オリは多めに書いてください。10個でも12個でもいいのですが、ここでは8つのオリを書きます。

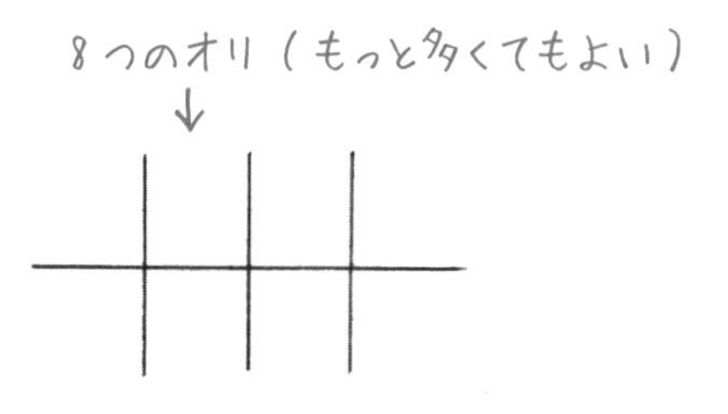

②　次に、「**かけたら18になる組み合わせ**」をオリの上下に書き出していきましょう。例えば、1と18は、かけると1×18＝18になります。この1と18をオリの上下に書きます。

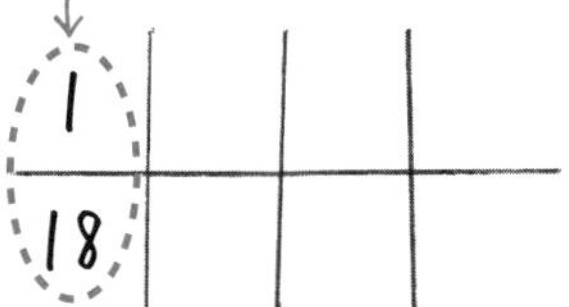

③　同じように、「**かけたら 18 になる組み合わせ**」を**オリの上下**にすべて書き出していくと、次のようになります。

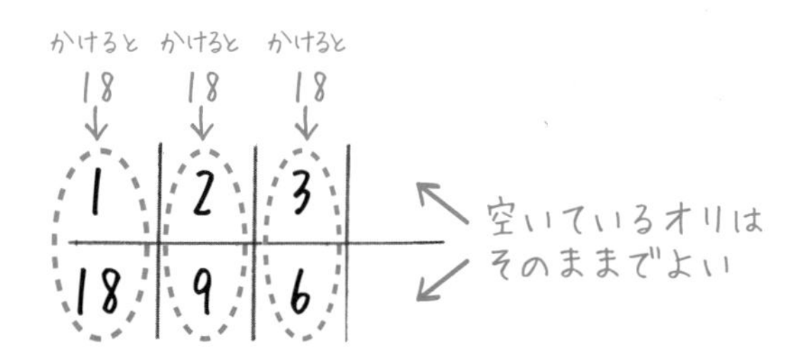

オリの中に入った数が、18 の約数です。ですから、18 の約数は、1、2、3、6、9、18 だとわかります。

「オリを使った約数の見つけ方」を利用することで、**オリの上下に 2 個ずつセットで約数を書いていくため、約数の書きもれをできるだけ少なくする**ことができます。学校ではこの解き方を教えないこともありますので、お父さん、お母さんがお子さんに教えてあげることをおすすめします。

（最大）公約数をすばやく見つけるにはどうしたらいいの？

5年生～

2つ以上の整数に共通する約数を、それらの整数の公約数と言います。また、**公約数のうち、もっとも大きい数**を最大公約数と言います。公約数と最大公約数について、次の例題をみてください。

（例1）　30と45の公約数を全部答えましょう。また、30と45の最大公約数を求めましょう。

この問題を、小学校では次のように教えます。

【学校で教わる解き方】

① 30の約数と45の約数をすべて書き出します。

30の約数→1、2、3、5、6、10、15、30

45の約数→1、3、5、9、15、45

② 30の約数と45の約数で、共通の約数が公約数です。公約数のなかで最大の数が、最大公約数です。

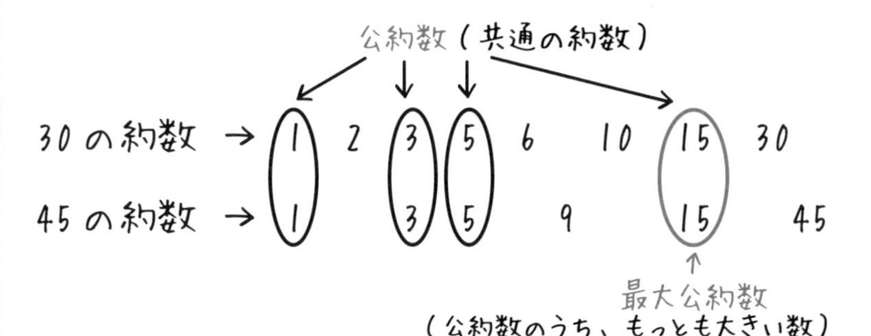

これにより、**30 と 45 の公約数は 1、3、5、15** と求まります。また、**30 と 45 の最大公約数は 15** だとわかります。

この方法では、30 の約数と 45 の約数をすべて書き出す必要があるため、時間がかかります。また、共通の約数（公約数）を探すときに、書きもれが出てしまうおそれもあります。

では、公約数や最大公約数をすばやく見つけるためには、どのようにすればよいのでしょうか。

それを解決するのが「**連除法**（れんじょほう）」という方法です。連除法とはどんな方法か、先ほどの例題を解説しながら、説明していきます。

（例2） 30と45の公約数を全部答えましょう。また、30と45の最大公約数を求めましょう。

【連除法を使った最大公約数の求め方（2 つの数）】

① 次のような割り算の筆算をひっくり返したような形の中に、30 と 45 を書きます。

```
 ) 30   45
 ￣￣￣￣￣￣
```

② **30 と 45 をどちらも割り切れる数**を探します。どちらも 3 で割ることができるので、3 を左に書きます。そして、30 と 45 をそれぞれ 3 で割った商の 10 と 15 を下に書きます。

```
3) 30   45
 ￣￣￣￣￣￣
   10   15
```

③ **10 と 15 をどちらも割り切れる数**を探します。どちらも 5 で割る

ことができるので、5を左に書きます。そして、10と15をそれぞれ5で割った商の2と3を下に書きます。

```
3 ) 30  45
  ─────────
5 ) 10  15
  ─────────
     2   3
```

④　2と3をどちらも割り切れる数を探します。2と3をどちらも割り切れる数は、1だけなので、ここでストップします。

```
3 ) 30  45
  ─────────
5 ) 10  15
  ─────────
     2   3   ← 2と3は1でしか
                割れないので
                ここでストップ
```

⑤　そして、左の数をすべてかけると、最大公約数が求まります。$3 \times 5 = 15$なので、30と45の最大公約数は15です。

```
[3] ) 30  45
    ─────────
[5] ) 10  15
    ─────────
かける  2   3
 ↓
3 × 5 = 15
        30と45の最大公約数
```

連除法によって、30と45の最大公約数15を求めることができました。ところで、例題では、最大公約数だけではなく、30と45の公約数を求める必要がありましたね。30と45の公約数を求めるために、次の性質を使います。

【公約数と最大公約数の関係】
公約数は「最大公約数の約数」である

どういうことか説明しましょう。連除法によって、30と45の最大公約数15を求めました。この「**最大公約数15の約数**」が「**30と45の公約数**」になるということです。

15の約数は、ひとつ前の項目で紹介した「オリを使う解き方」によって、次のように求めることができます。

1	3
15	5

求まった「**1、3、5、15**」**は、15の約数でもあり、同時に、30と45の公約数にもなる**のです。

少しややこしく感じたでしょうか。30と45の最大公約数と公約数を求める流れを、おさらいしておきましょう。

連除法によって、**30と45の最大公約数15**を求める
⇓
「オリを使う解き方」によって、15の約数の1、3、5、15を求める
⇓
この**1、3、5、15**が**30と45の公約数**である

この解き方に慣れると、最大公約数と公約数をすばやく確実に求めることができるようになります。

また、連除法を使うと、次の例題のような、3つ（以上）の数の最大公約数を求めることもできます。

（例3） 18と27と45の公約数を全部答えましょう。また、18と27と45の最大公約数を求めましょう。

【連除法を使った最大公約数と公約数の求め方（3つの数）】

まず、先ほどと同じように、連除法で18と27と45の最大公約数を求めます。

3×3＝9なので、18と27と45の最大公約数が9と求まります。**公約数は「最大公約数の約数」**なので、9の約数を、オリを使って求めます。

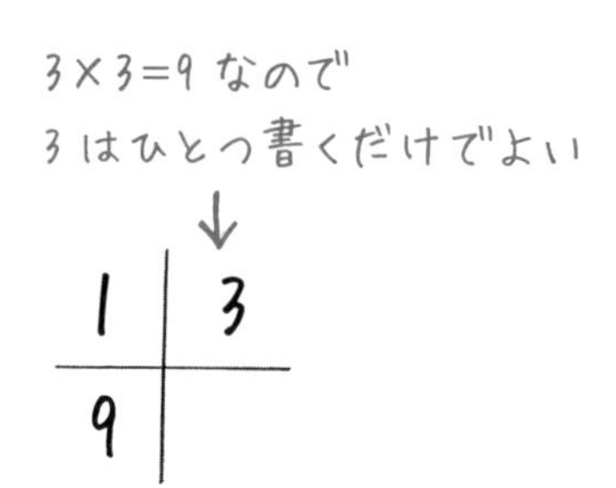

これにより、18 と 27 と 45 の公約数が 1、3、9 と求まりました。

以上、連除法とオリを使った、最大公約数と公約数の求め方についてみてきました。初めに紹介した「学校で教わる解き方」では、時間がかかり、ケアレスミスもしやすくなります。

一方、「連除法とオリを使う解き方」は慣れると、最大公約数と公約数をスピーディーかつ正確に求められるようになります。ほとんどの中学受験対策塾で、この方法を教えることからも、その実用性がわかります。「連除法とオリを使う解き方」を反復して練習することによって、自分のものにしていきましょう。

（最小）公倍数をすばやく見つけるにはどうしたらいいの？

5年生～

ある整数の整数倍（1倍、2倍、3倍、…）になっている整数を、その整数の**倍数**と言います。例えば、6の倍数は、6、12、18、24、30、…と続いていきます。

そして、**2つ以上の整数に共通な倍数**を、それらの整数の**公倍数**と言います。また、**公倍数のうち、もっとも小さい数**を**最小公倍数**と言います。公倍数と最小公倍数について、次の例題をみてください。

（例1） **12と18の公倍数を小さい順に3つ答えましょう。また、12と18の最小公倍数を求めましょう。**

この問題を、小学校では次のように教えます。

【学校で教わる解き方】

① 12の倍数と18の倍数を書き出していきます。

12の倍数→12、24、36、48、60、72、84、96、108、…

18の倍数→18、36、54、72、90、108、…

② 12の倍数と18の倍数で共通の倍数が公倍数です。公倍数のなかで最小の数が、最小公倍数です。

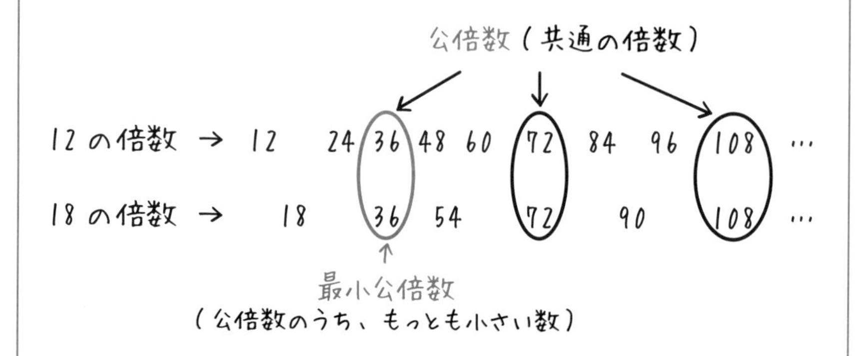

これにより、**12と18の公倍数は小さい順に36、72、108**と求まります。また、**12と18の最小公倍数は36**だとわかります。

この方法では、12の倍数と18の倍数を書き出していく必要があるため、時間がかかります。また、共通の倍数（公倍数）を探すときに、ケアレスミスによって、書きもれが出てしまうおそれもあります。

では、公倍数や最小公倍数をすばやく見つけるためには、どのようにすればよいのでしょうか。

それを解決するのがやはり「**連除法**」です。**最大公約数を求める場合と途中から手順が違う**ので、注意しましょう。

（例2）　12と18の公倍数を小さい順に3つ答えましょう。また、12と18の最小公倍数を求めましょう。

【連除法を使った最小公倍数の求め方（2つの数）】

① 次のような割り算の筆算をひっくり返したような形の中に、12と18を書きます。

$$
\begin{array}{r|ll}
 & 12 & 18 \\ \hline
\end{array}
$$

② 12と18をどちらも割り切れる数を探します。どちらも2で割ることができるので、2を左に書きます。そして、12と18をそれぞれ2で割った商の6と9を下に書きます。

$$
\begin{array}{r|ll}
2 & 12 & 18 \\ \hline
 & 6 & 9
\end{array}
$$

③ 6と9をどちらも割り切れる数を探します。どちらも3で割ることができるので、3を左に書きます。そして、6と9をそれぞれ3で割った商の2と3を下に書きます。

$$
\begin{array}{r|ll}
2 & 12 & 18 \\ \hline
3 & 6 & 9 \\ \hline
 & 2 & 3
\end{array}
$$

④ 2と3をどちらも割り切れる数を探します。2と3をどちらも割り切れる数は、1だけなので、ここでストップします。

$$
\begin{array}{r|ll}
2 & 12 & 18 \\ \hline
3 & 6 & 9 \\ \hline
 & 2 & 3
\end{array}
$$

← 2と3は1でしか割れないのでここでストップ

⑤ そして、左と下の数をL字型にすべてかけると、最小公倍数が求まります。$2 \times 3 \times 2 \times 3 = 36$ なので、12 と 18 の最小公倍数は 36 です。

$$
\begin{array}{r|rr}
2 & 12 & 18 \\ \hline
3 & 6 & 9 \\ \hline
 & 2 & 3
\end{array}
$$

L字型にかける

$2 \times 3 \times 2 \times 3 = 36$

12 と 18 の最小公倍数

連除法によって、12 と 18 の最小公倍数 36 を求めることができました。**連除法で、最大公約数を求めるときは、左の数をすべてかければよい**ことは、すでに説明しました。一方、連除法によって、最小公倍数を求めるときは、左と下の数をL字型にすべてかければよいのです。

ところで、例題では、最小公倍数だけではなく、12 と 18 の公倍数を小さい順に 3 つ求める必要がありました。12 と 18 の公倍数を求めるために、次の性質を使います。

【公倍数と最小公倍数の関係】
公倍数は「最小公倍数の倍数」である

どういうことか説明しましょう。連除法によって、12 と 18 の最小公倍数 36 を求めました。この「最小公倍数 36 の倍数」が「12 と 18 の公倍数」になるということです。

$36 \times 1 = 36$、$36 \times 2 = 72$、$36 \times 3 = 108$ なので、最小公倍数 36 の

倍数は、小さい順に36、72、108です。この**36、72、108**が、「**12と18の公倍数**」になるのです。

12と18の最小公倍数と公倍数を求める流れを、おさらいしておきましょう。

連除法によって、12と18の最小公倍数36を求める

⇓

最小公倍数36の倍数は、小さい順に36、72、108である

⇓

この36、72、108が、12と18の公倍数である

この解き方に慣れると、最小公倍数と公倍数をすばやく確実に求めることができるようになります。

また、連除法を使うと、次の例題のような3つ（以上）の数の最小公倍数を求めることもできます。ただし、**3つ以上の数の最小公倍数を求めるとき、手順に少しややこしいところがある**ので、注意しましょう。

（例3）　12と15と18の公倍数を小さい順に3つ答えましょう。また、12と15と18の最小公倍数を求めましょう。

【連除法を使った最小公倍数と公倍数の求め方（3つの数）】

①　12と15と18は、どれも3で割ることができるので、3を左に書きます。そして、12と15と18をそれぞれ3で割った商の4と5と6を下に書きます。

3) 12　15　18
　　4　5　6

② 4と5と6をどれも割り切れる数はありません。この場合、**どれか2つの数だけでも割り切れる数を探します**。4と6はどちらも2で割れるので、2で割った商の2と3を下に書きます。5はそのまま下に書きます。

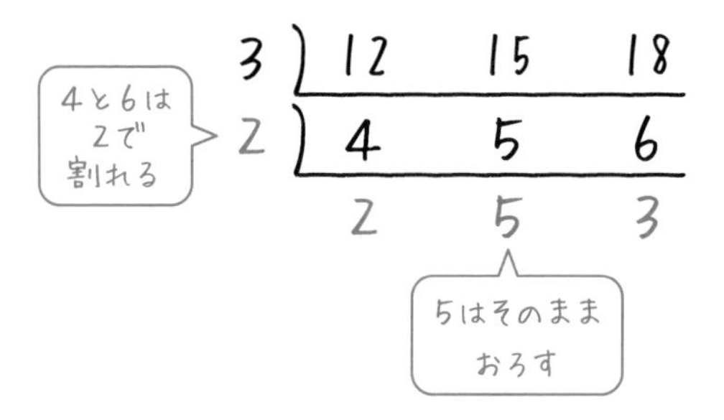

③ 2と5と3は、どれか2つの数だけでも割り切れる数が1だけしかないので、ここでストップします。

3) 12　15　18
2) 4　5　6
　　2　5　3　← 2と5と3はどれか2つの数だけでも割り切れる数が1だけなので、ここでストップ

④ **そして、左と下の数をL字型にすべてかけると、最小公倍数が求まります。**$3 \times 2 \times 2 \times 5 \times 3 = 180$ なので、12と15と18の最小公倍数は180です。

3	)	12	15	18
2	)	4	5	6
		2	5	3

L字型にかける

$3 \times 2 \times 2 \times 5 \times 3 = 180$

12と15と18の
最小公倍数

⑤ **公倍数は「最小公倍数の倍数」である性質を使います。**最小公倍数180の倍数は、小さい順に180、360、540です。だから、12と15と18の公倍数も小さい順に180、360、540です。

連除法で3つ以上の数の最大公約数を求めるときは、3つの数を割り切れる数が1以外になくなった時点でストップします。一方、**連除法で3つ以上の数の最小公倍数を求めるときは、どれか2つの数だけでも割り切れる数があれば、その数で割っていきます。**ここは戸惑う人も多いところなので、気をつけましょう。

以上、連除法を使った、最小公倍数と公倍数の求め方についてみてきました。説明をややこしく感じた方もいるでしょう。しかし、慣れると最小公倍数と公倍数をスムーズに求められるようになります。練習していきましょう。

最大公約数、最小公倍数を区別するにはどうしたらいいの？

5年生～

最大公約数と最小公倍数という2つの用語を混同してしまう人がいます。中には、「最小公約数」や「最大公倍数」といった、存在しない用語を使ってしまう人もいます。

これらの用語を混同する根本的な原因は、約数と倍数の理解不足であることがほとんどです。では、混同しないようにするには、どうすればいいのでしょうか。

まず、**約数関係の用語と倍数関係の用語**を、それぞれセットでおさえるようにしましょう。具体的には、次のようにセットでおさえてください。

約数関係の用語　⇒　**約数、公約数、最大公約数**
倍数関係の用語　⇒　**倍数、公倍数、最小公倍数**

これら3つずつ、計6つの用語をそのまま覚えようとしても、なかなか頭に入ってきません。ですから、**必ず「意味のつながり」によっておさえる**ようにしましょう。

まず、約数関係の3つの用語について、意味のつながりでおさえると、次のようになります。

【約数関係の用語の意味のつながり】

約数（ある整数を割り切ることのできる整数）

⇩

公約数（2つ以上の整数に共通する約数）

⇩

最大公約数（公約数のうち、もっとも大きい数）

そして、倍数関係の3つの用語について、意味のつながりでおさえると、次のようになります。

【倍数関係の用語の意味のつながり】

倍数（ある整数の整数倍〈1倍、2倍、3倍、…〉になっている整数）

⇩

公倍数（2つ以上の整数に共通な倍数）

⇩

最小公倍数（公倍数のうち、もっとも小さい数）

このように、**意味のつながりをもとにセットでまとめて理解する**ことによって、約数や倍数の用語の混同は少なくなってきます。

ところで、「最小公約数」や「最大公倍数」といった存在しない用語を言ってしまう生徒に対しては、「それらの用語がなぜ存在しないのか」説明してあげるとよいでしょう。

まず、最小公約数についてです。最小公約数という用語が存在するなら、「もっとも小さい公約数」という意味になります。例えば、4と6の最小公約数は1になります。また、5と15の最小公約数も1になります。このように、どの2つ以上の整数の「最小公約数」も1になるので、このような用語はないのです。

次に、最大公倍数についてです。例えば、4と6の公倍数は、12、24、36、48、60、…と無限に大きくなっていきます。どの2つ以上の整数の公倍数も、このように無限に大きくなっていくので、最大公倍数は「無限」ということになります。そのため、最大公倍数という用語はないのです。

このように、「最小公約数」や「最大公倍数」という用語が存在しない理由を考えることで、用語の覚え間違いや混同をさらに少なくすることができます。

ただ単に用語を覚えるのではなく、「**セットで**」かつ「**意味のつながりによって**」おさえることで、用語に対する理解が深まっていきます。

公約数や公倍数が理解しやすくなる図があるって本当？

5年生〜

公約数、最大公約数、公倍数、最小公倍数などについて、なかなか区別がつかなかったり、苦手意識をもっていたりする生徒には、これらを**視覚的に理解してもらう方法**もあります。

それは、**ベン図**（数の集まりを図で表したもの）を使う方法です。イギリスの数学者ジョン・ベンが考えたので、ベン図と言います。

例えば、18と24の**公約数は1、2、3、6**で、**最大公約数は6**です。また、**18の約数は「1、2、3、6、9、18」**で、**24の約数は「1、2、3、4、6、8、12、24」**です。これをベン図に表すと、次のようになります。

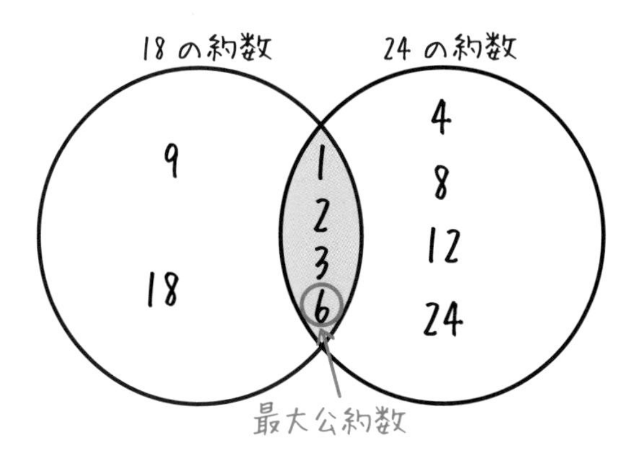

2つの円の重なった赤い部分が**「18と24の公約数」**を表しています。このように、**ベン図を使うことには、約数、公約数、最大公約数の情報を、目にみえるかたちで、一気にまとめられる**という長所があ

ります。これにより、あまり難しい印象をもつことなく、約数、公約数、最大公約数について理解してもらえるでしょう。

一方、倍数、公倍数、最小公倍数について教える場合も、ベン図は有効です。例えば、**1以上200以下の整数**のなかで、20と30の**公倍数**は、**60、120、180**で、**最小公倍数は60**です。また、1以上200以下の整数のなかで、**20の倍数**は「**20、40、60、80、100、120、140、160、180、200**」で、**30の倍数**は「**30、60、90、120、150、180**」です。これをベン図に表すと、次のようになります。

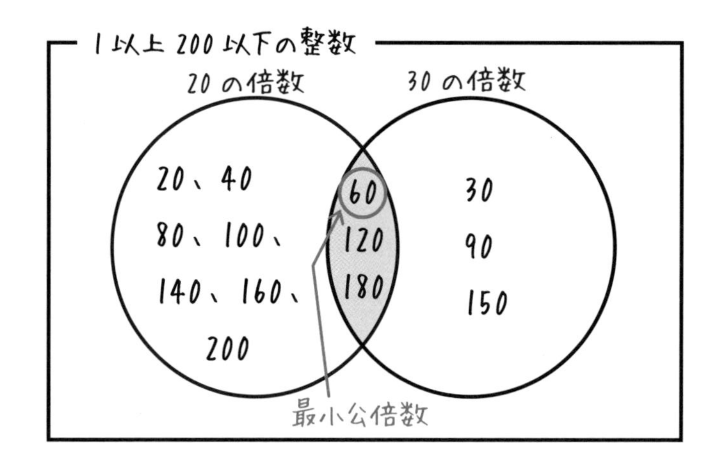

2つの円の重なった赤い部分が「**20と30の公倍数**」を表しています。約数の場合と同様、**倍数、公倍数、最小公倍数の情報を、視覚的に表す**ことができました。約数と倍数について、その理解を確かなものにするために、ベン図を使って教えるのはいかがでしょうか。

どうして1は素数（そすう）じゃないの？

発展

「素数（そすう）」は小学算数の範囲でしたが、2020年度からの新学習指導要領によって、中学数学の範囲になりました。ただし、小学算数の知識でも理解できる内容ですので、本書では、発展的内容として解説します。

つまり、2020年度以降、小学校で素数について学ぶことはなくなるのですが、小学生のうちから知っておくことに意味があると考えます。

素数とは、**1とその数自身しか約数がない数**です。2、3、4の約数を調べると、それぞれ次のようになります。

2の約数　→　1、2
3の約数　→　1、3
4の約数　→　1、2、4

2と3は、1とその数自身しか約数がないので素数です。一方、4は、1とその数自身以外に約数「2」があるので素数ではありません。

例えば、1から20までの素数は、2、3、5、7、11、13、17、19です。

ところで、1は素数ではありません。しかし、素数の定義（意味）が「1とその数自身しか約数がない数」なので、1が素数に入るのかどうか、疑問に思う方もいるでしょう。実際、「1が素数かどうか」きちんとおさえられていない生徒も多いです。

では、どうして1は素数ではないのでしょうか。

これは、中学1年生で習う「素因数分解（そいんすうぶんかい）」を使って説明することができます。中学で習うとはいえ、小学算数の範囲で理解できるので説明します。素因数分解とは、「数を素数の積に分解すること」です。

例えば、10を素因数分解しましょう。10は、素数の2と素数の5の積で表せますから、「10＝2×5」と素数の積に分解することができます。10なら「2×5」の1通りだけ素因数分解することができ、これを難しい言葉で、「素因数分解の一意性（いちいせい）」と言います。この素因数分解の一意性のもとに、数学の世界は成り立っています。

ここで、1が素数だったとしましょう。そうすると、10を素因数分解するときに、「10＝1×2×5」、「10＝1×1×2×5」、「10＝1×1×1×2×5」…など、何通りにも分解できてしまいます。先ほどの言葉でいうと、「素因数分解の一意性」が成り立たなくなってしまい、これは数学の世界にとって都合が悪いのです。このことが、1が素数ではない理由です。

小学算数の範囲で理解できる内容とはいえ、この説明を難しく感じる人もいるでしょう。そのような場合には、初めから「**素数とは『約数が2個の整数』のこと**」と覚えるのも個人的にはいいのではないかと思います。

素数を「約数が2個の整数」だと覚えれば、「1が素数かどうか」悩むことはなくなります。1の約数は1個だけだからです。

第5章

分数計算の「？」を解決する

約分（やくぶん）と通分（つうぶん）をスムーズにするには、どうすればいいの？
どうすれば分数のたし算と引き算を得意になれるの？
分数のかけ算では、なぜ分母どうし、分子どうしをかけるの？
分数の割り算では、なぜひっくり返してかけるの？
分数を小数に直すにはどうしたらいいの？
小数と分数の混（ま）じった式は、どう計算すればいいの？

約分(やくぶん)と通分(つうぶん)をスムーズにするには、どうすればいいの？

5年生〜

分数の計算とは切っても切り離せない、約分(やくぶん)と通分(つうぶん)。**約分は最大公約数と、通分は最小公倍数とそれぞれ密接な関係があります。**

約分、通分をきちんと理解するためには、先に、最大公約数と最小公倍数についてわかっておく必要があります。前章で約分と倍数について述べ、本章で分数計算について扱う章構成にした理由もそこにあります。

では、約分と最大公約数、通分と最小公倍数には、それぞれどのような関係があるのでしょうか。まずは、**約分と最大公約数の関係**からみていきましょう。

（例1） $\frac{24}{36}$ **を約分しましょう。**

まずは、約分の意味を確認しておきましょう。**約分**とは、**分母と分子を同じ数で割って、かんたんにすること**です。(例 1) は、$\frac{24}{36}$ を約分する問題ですが、A さん、B さん、C さんの 3 人はそれぞれ、次のように解きました。

A さん　⇒　$\frac{24}{36}=\frac{2}{3}$　(正解)

B さん　⇒　$\frac{24}{36}=\frac{12}{18}=\frac{6}{9}=\frac{2}{3}$　(正解)

Cさん　⇒　$\frac{24}{36}=\frac{12}{18}=\frac{6}{9}$　　　（間違い）

約分できるところまでする必要があるので、$\frac{2}{3}$まで約分したAさんとBさんが正解です。Cさんは$\frac{6}{9}$までは約分できていますが、さらに約分できるので間違いです。Cさんは、分母と分子をさらに3で割れることに気付かなかったのでしょう。Cさんのような間違いをする人はけっこういるので、気を付けましょう。

AさんとBさんを比べてみると、Aさんが1回の約分で$\frac{2}{3}$を求めた一方、Bさんは3回の約分で$\frac{2}{3}$を求めました。どちらも正解なのですが、解く時間を考えると、Aさんのように**1回で約分できるようにしたい**ものです。何回も約分をして求めると、Cさんのように途中の分数を答えにしてしまって間違いになることもあります。

では、どうすれば、1回で約分できるのでしょうか。**1回で約分するためには、分母と分子の最大公約数で割ればよいのです。**

$\frac{24}{36}$なら、分母36と分子24の最大公約数の12で、分母と分子を割れば、次のように1回で約分できます。

$$\frac{24}{36}=\frac{24\div 12}{36\div 12}=\frac{2}{3}$$

24と36の
最大公約数12で
分母と分子を割る

「**分母と分子の最大公約数で割れば、1回で約分できる**」という大事なポイントをおさえましょう。ところで、分母36と分子24の最大公約数が12であることは、p.118で紹介した連除法を使えば、次のように求められます。

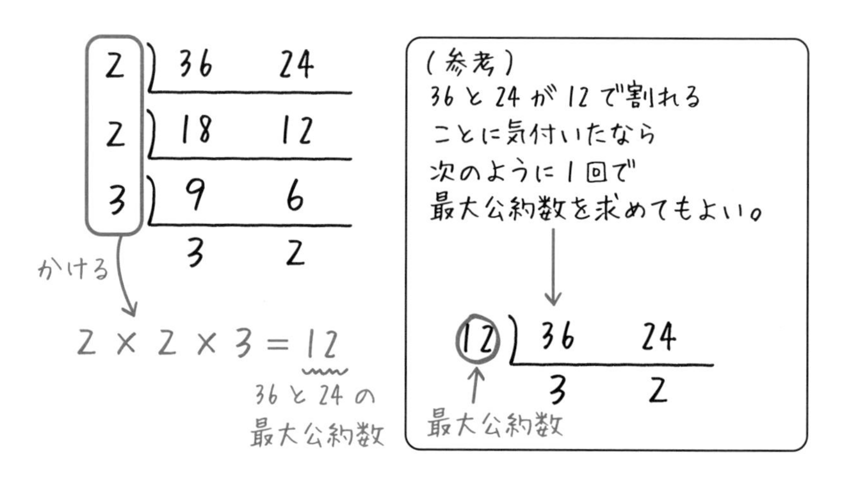

では次に、**通分と最小公倍数の関係**についてみていきます。**通分**とは、分母が違う2つ以上の分数を、分母が同じ分数に直すことです。次の例題をみてください。

（例2） $\frac{1}{6}$ **と** $\frac{3}{8}$ **を通分しましょう。**

この例題を、AさんとBさんはそれぞれ、次のように解きました。

Aさん ⇒ $\frac{1}{6}=\frac{1\times4}{6\times4}=\frac{4}{24}$　　$\frac{3}{8}=\frac{3\times3}{8\times3}=\frac{9}{24}$

答え $\frac{4}{24}$、$\frac{9}{24}$　（正解）

Bさん ⇒ $\frac{1}{6}=\frac{1\times 8}{6\times 8}=\frac{8}{48}$　$\frac{3}{8}=\frac{3\times 6}{8\times 6}=\frac{18}{48}$

答え $\frac{8}{48}$、$\frac{18}{48}$　(間違い)

分母を24にそろえたAさんは正解です。一方、Bさんの答えの$\frac{8}{48}$と$\frac{18}{48}$はそれぞれ、$\frac{4}{24}$と$\frac{9}{24}$に約分できるので間違いです。なぜなら、通分するときは、**分母をできるだけ小さい数にそろえることがきまり**だからです。次の例題をみてください。

(例3) $\frac{1}{6}+\frac{3}{8}=$

この例題を、AさんとBさんはそれぞれ、次のように解きました。

Aさん ⇒ $\frac{1}{6}+\frac{3}{8}=\frac{4}{24}+\frac{9}{24}=\frac{13}{24}$　(正解)

Bさん ⇒ $\frac{1}{6}+\frac{3}{8}=\frac{8}{48}+\frac{18}{48}=\frac{26}{48}$　(間違い)

分母を24にそろえたAさんは正解です。一方、分母を48にそろえたBさんは、$\frac{26}{48}=\frac{13}{24}$の約分をし忘れて間違いになりました。もし、$\frac{26}{48}=\frac{13}{24}$の約分に気付いたとしても、Aさんよりは時間がかかってしまいます。

(例2)、(例3) ともに、分母を24にそろえたAさんは正確に解くことができました。一方、分母を48にそろえたBさんはどちらも間違ってしまいました。

では、どうすればAさんのように、答えの分母を1回で見つけられるのでしょうか。そのためには、**それぞれの分母の最小公倍数を分母にすればよい**のです。$\frac{1}{6}$と$\frac{3}{8}$なら、次のように、それぞれの分母の6と8の最小公倍数24を分母にすればよいということです。

$$\frac{1}{6} = \frac{1 \times 4}{6 \times 4} = \frac{4}{24}$$

$$\frac{3}{8} = \frac{3 \times 3}{8 \times 3} = \frac{9}{24}$$

6と8の
最小公倍数24に
そろえる

「**それぞれの分母の最小公倍数を分母にすれば通分できる**」という大事なポイントをおさえましょう。ところで、分母の6と8の最小公倍数が24であることは、p.124で紹介した連除法を使えば、次のように求められます。

$$\begin{array}{r|rr} 2 & 6 & 8 \\ \hline & 3 & 4 \end{array}$$

L字型にかける

$2 \times 3 \times 4 = 24$

6と8の
最小公倍数

約分と最大公約数、通分と最小公倍数のそれぞれの関係について、まとめると次のようになります。

●約分と最大公約数の関係　⇒　１回で約分するためには、分母と分子の最大公約数で割ればよい
●通分と最小公倍数の関係　⇒　それぞれの分母の最小公倍数を分母にすれば通分できる

この関係をおさえることで、約分と通分がスムーズにできるようになります。分数計算を得意になるために、必ずおさえておきたいポイントです。

どうすれば分数のたし算と引き算を得意になれるの？

5年生～

分数には、次の3種類があります。

・真分数（しんぶんすう）…$\frac{1}{3}$や$\frac{3}{5}$のように、**分子が分母より小さい分数**

・仮分数（かぶんすう）…$\frac{4}{4}$や$\frac{7}{6}$のように、**分子が分母に等しいか、または、分子が分母より大きい分数**

・帯分数（たいぶんすう）…$1\frac{2}{5}$や$6\frac{3}{7}$のように、**整数と真分数の和になっている分数**
例えば、帯分数の$6\frac{3}{7}$は、整数の6と真分数の$\frac{3}{7}$がたし合わさったものです。

帯分数の意味をおさえられていない生徒がけっこういるので、注意しましょう。例えば、$6\frac{3}{7}$は、整数部分の6と分数部分の$\frac{3}{7}$の間に、**＋が省略されている**ということです。つまり、$6\frac{3}{7}=6+\frac{3}{7}$と変形できます。

今回の項目では、生徒が特に間違いやすい「帯分数どうしのたし算と引き算」をスムーズに解く方法について解説していきます。まずは、「帯分数どうしのたし算」について、次の例題をみてください。

（例1） $3\frac{7}{9}+4\frac{5}{6}=$

この例題を解くとき、主に次の2つの計算法があります。

（解き方A）帯分数の繰り上げを使う方法

$$
\begin{aligned}
& 3\frac{7}{9}+4\frac{5}{6} && \text{通分する}\\
&= 3\frac{14}{18}+4\frac{15}{18} && \text{たす}\\
&= 7\frac{29}{18} && \text{帯分数の繰り上げ}\\
&= 8\frac{11}{18}
\end{aligned}
$$

（解き方B）仮分数に直してから計算する方法

$$
\begin{aligned}
& 3\frac{7}{9}+4\frac{5}{6} && \text{仮分数に直す}\\
&= \frac{34}{9}+\frac{29}{6} && \text{通分する}\\
&= \frac{68}{18}+\frac{87}{18} && \text{たす}\\
&= \frac{155}{18} && \text{帯分数に直す}\\
&= 8\frac{11}{18}
\end{aligned}
$$

（解き方A）は、「**帯分数の繰り上げ**」を使う方法です。一方、（解き方B）は、いったん仮分数に直してから計算する方法です。**慣れると、（解き方A）のほうが、速く正確に解くことができます。**そのため、（解き方A）で解くことをおすすめします。

（解き方 A）で、$7\frac{29}{18}$を$8\frac{11}{18}$に変形したように、**帯分数の整数部分を 1 大きくして、正しい帯分数に直すこと**を「帯分数の繰り上げ」と言います。$7\frac{29}{18}$を$8\frac{11}{18}$に変形できる理由は次の通りです。

$$
\begin{aligned}
&7\frac{29}{18} \\
=\ &7+\frac{29}{18} \\
=\ &7+1\frac{11}{18} \\
=\ &8\frac{11}{18}
\end{aligned}
$$

$7\frac{29}{18}$を和の形にする
$\frac{29}{18}$を帯分数にする
7と1をたす

この「帯分数の繰り上げ」がスムーズにできれば、先ほどの（解き方 A）の方法で、分数のたし算を速く正確に計算できるようになります。

$7\frac{29}{18}$を$8\frac{11}{18}$に変形するための途中式を詳しく書きましたが、

$$7\frac{29}{18}=8\frac{11}{18}$$

というように、一気に変形できるように練習しましょう。

次に、引き算について解説します。「帯分数どうしの引き算」について、次の例題をみてください。

（例2） $5\frac{1}{3}-1\frac{3}{4}=$

この例題を解くとき、主に次の 2 つの計算法があります。

（解き方C）帯分数の繰り下げを使う方法

$$
\begin{aligned}
& 5\frac{1}{3} - 1\frac{3}{4} \\
&= 5\frac{4}{12} - 1\frac{9}{12} \\
&= 4\frac{16}{12} - 1\frac{9}{12} \\
&= 3\frac{7}{12}
\end{aligned}
$$

通分する

分子の4から9は引けないので帯分数の繰り下げをする

引く

（解き方D）仮分数に直してから計算する方法

$$
\begin{aligned}
& 5\frac{1}{3} - 1\frac{3}{4} \\
&= \frac{16}{3} - \frac{7}{4} \\
&= \frac{64}{12} - \frac{21}{12} \\
&= \frac{43}{12} \\
&= 3\frac{7}{12}
\end{aligned}
$$

仮分数に直す

通分する

引く

帯分数に直す

（解き方C）は、「**帯分数の繰り下げ**」を使った方法です。一方、（解き方D）は、いったん仮分数に直してから計算する方法です。**慣れると、（解き方C）のほうが、速く正確に解くことができます。**そのため、（解き方C）で解くことをおすすめします。

（解き方C）で、$5\frac{4}{12}$を$4\frac{16}{12}$に変形したように、**帯分数の整数部分**

を1小さくなるように変形することを「帯分数の繰り下げ」と言います。$5\frac{4}{12}$を$4\frac{16}{12}$に変形できる理由は次の通りです。

$$
\begin{aligned}
&5\frac{4}{12} \\
&= 4 + 1\frac{4}{12} \\
&= 4 + \frac{16}{12} \\
&= 4\frac{16}{12}
\end{aligned}
$$

5を4＋1にする
$1\frac{4}{12}$を仮分数にする
＋をはぶく

この「帯分数の繰り下げ」がスムーズにできれば、先ほどの（解き方C）の方法で、分数の引き算を速く正確に計算できるようになります。

$5\frac{4}{12}$を$4\frac{16}{12}$に変形するための途中式を詳しく書きましたが、

$$5\frac{4}{12}=4\frac{16}{12}$$

というように、一気に変形できるように練習しましょう。

分数のたし算、引き算ともに、いったん仮分数に直して解く方法では、計算過程がややこしくなり、計算ミスもしやすくなります。一方、**帯分数の繰り上げ、繰り下げを使う方法に慣れると、速く正確に計算できるようになり、分数のたし算、引き算を得意にしていくことができる**ようになるのです。

分数のかけ算では、なぜ分母どうし、分子どうしをかけるの？

6年生～

（例1） $\frac{4}{7} \times \frac{2}{3} =$

（例1）の計算は、次のように、分母どうし、分子どうしをかけて求めます。

$$\frac{4}{7} \times \frac{2}{3} = \frac{4 \times 2}{7 \times 3} = \frac{8}{\underline{21}}$$

では、分数のかけ算で、分母どうし、分子どうしをかけて求める理由は何でしょうか。その理由についてみていきます。（例1）の計算は、次の（例2）の問題におきかえることができます。

（例2） **たて$\frac{4}{7}$m、横$\frac{2}{3}$mの長方形の面積は何m^2ですか。**

（例2）の問題は、（例1）と同じく、$\frac{4}{7} \times \frac{2}{3}$を計算すれば求められます。この長方形の面積を求めるために、1辺が1mの正方形をもとに考えましょう。1辺が1mの正方形のたてを7等分し、横を3等分して、タイルをしきつめます。すると、次の図のように、$7 \times 3 = 21$枚のタイルをしきつめることができます。

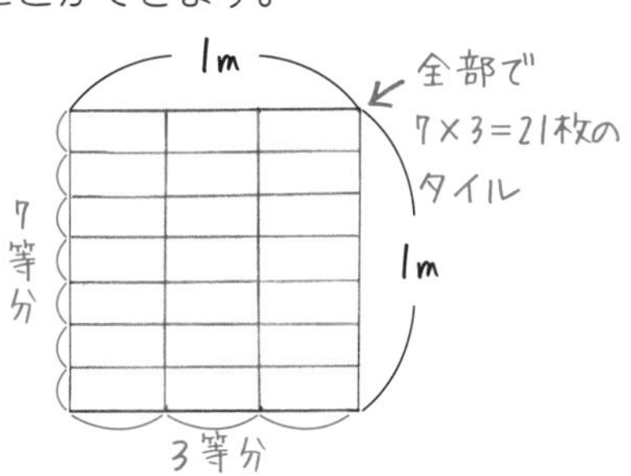

（例 2）で求めたいのは、たて$\frac{4}{7}$ m、横$\frac{2}{3}$ m の長方形の面積です。つまり、次の図のグレーでぬられた A の部分の面積を求めればよいということです。

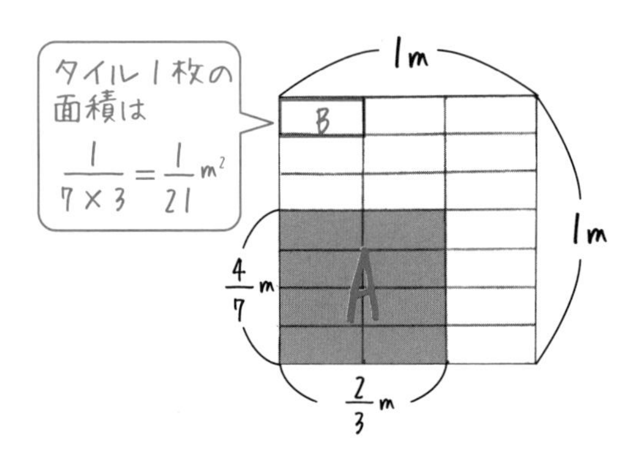

1 辺が 1m の正方形の面積は $1m^2$ です。上の図で、$1m^2$ の正方形を 21 等分したものが、タイル 1 枚分の面積（B の面積）です。ですから、タイル 1 枚分の面積（B の面積）は、$\frac{1}{7\times3}=\frac{1}{21}$ m^2 です。そして、A の長方形の面積は、$\frac{1}{21}$ m^2 のタイルが (4 × 2 ＝) 8 枚分だから、$\frac{8}{21}$ m^2 と求まります。

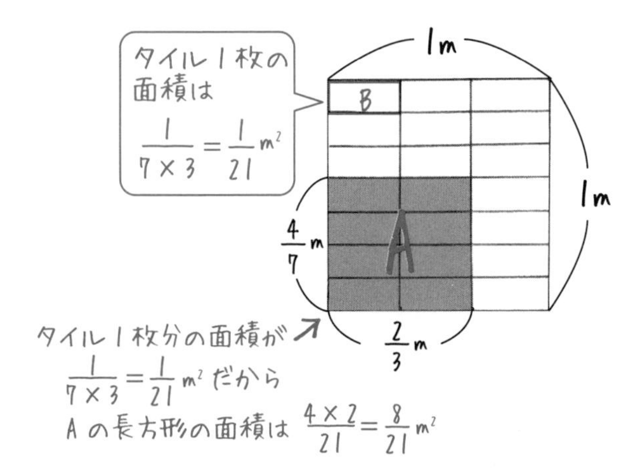

つまり、$\frac{4}{7}\times\frac{2}{3}$の計算は、次のように、分母どうし、分子どうしをかけると求められます。

$$\frac{4}{7}\times\frac{2}{3}=\frac{4\times2}{7\times3}=\frac{8}{21}\,(\mathrm{m}^2)$$

これが、分数のかけ算で、分母どうし、分子どうしをかけて求める理由です。「分数のかけ算では、なぜ分母どうし、分子どうしをかけるの？」という質問を急にされると、うまく説明するのが難しいものです。ただ計算のルールを覚えるだけではなく、計算の原理を説明できるくらいまで理解し、算数の力を伸ばしていきましょう。

分数の割り算では、なぜひっくり返してかけるの？

6年生～

「分数の割り算では、なぜひっくり返してかけるの？」

これは、大人を困らせる代表的な算数の質問です。しかし、この質問にもきちんと答えられるようにしておきたいものです。

ところで、この質問を正しい算数用語を使って言うと、「**分数の割り算では、なぜ割る数の逆数**(ぎゃくすう)**をかけるの？**」となります。

逆数というのは、ざっくり言うと、**分母と分子をひっくり返した数**です。$\frac{3}{4}$の逆数は$\frac{4}{3}$です。$\frac{3}{4}$と$\frac{4}{3}$をかけると、$\frac{3}{4}\times\frac{4}{3}=1$となります。このように、「**2つの数の積が1となるとき、一方の数をもう一方の逆数と言う**」というのが逆数の正しい意味です。

話を戻しましょう。「分数の割り算では、なぜひっくり返してかけるの？」という質問に答えるために、いくつかの方法があります。今回は、3つの方法を紹介します。お子さんに説明する際は、3つの方法をすべて教えるのもいいでしょうし、一番わかりやすいと思われる方法を説明するのもいいでしょう。次の例題をみてください。

（例）　次のように、変形できるのはなぜですか。

$$\frac{5}{8}\div\frac{6}{7}=\frac{5}{8}\times\frac{7}{6}$$

この例題を解説することによって、「分数の割り算では、なぜひっくり返してかけるの？」という質問に答えることができます。では、ひとつめの方法から解説します。

【その１　割り算の性質で考える】

割り算には、「割られる数と割る数に、同じ数をかけても、答えはかわらない」という性質があります。p.98 で紹介した「小数点のダンス」も、この性質を利用したものでした。例えば、$0.35 \div 0.07$ という計算なら、割られる数と割る数に 100 をかけて、次のように計算すればよいのです。

$$
\begin{aligned}
0.35 \div 0.07 &= (0.35 \times 100) \div (0.07 \times 100) \\
&= 35 \div 7 = 5
\end{aligned}
$$

$\frac{5}{8} \div \frac{6}{7}$ の計算で、割る数の $\frac{6}{7}$ を 1 にするために、割られる数と割る数に $\frac{7}{6}$ をかけると、次のようになります。

$$
\begin{aligned}
&\frac{5}{8} \div \frac{6}{7} \\
&= \left(\frac{5}{8} \times \frac{7}{6}\right) \div \left(\frac{6}{7} \times \frac{7}{6}\right) \\
&= \left(\frac{5}{8} \times \frac{7}{6}\right) \div 1 \\
&= \frac{5}{8} \times \frac{7}{6}
\end{aligned}
$$

割られる数と割る数に $\frac{7}{6}$ をかける

割る数が 1 になる

これにより、$\frac{5}{8} \div \frac{6}{7} = \frac{5}{8} \times \frac{7}{6}$ と変形できました。

【その2　$\dfrac{分数}{分数}$ の形で考える】

割り算の A÷B は $\dfrac{A}{B}$ と表すことができます。$A \div B = \dfrac{A}{B}$ ということです。同じように、$\dfrac{5}{8} \div \dfrac{6}{7}$ を $\dfrac{A}{B}$ のかたちで表すと、次のようになります。

$$A \div B = \frac{A}{B}$$

$$\downarrow$$

$$\frac{5}{8} \div \frac{6}{7} = \frac{\frac{5}{8}}{\frac{6}{7}}$$

← $\dfrac{分数}{分数}$ の形にする

このように、$\dfrac{分数}{分数}$ というかたちになります。$\dfrac{分数}{分数}$ という形をかんたんにするために、分母の $\dfrac{6}{7}$ を1にすることを考えましょう。分母の $\dfrac{6}{7}$ を1にするためには、$\dfrac{6}{7}$ の逆数の $\dfrac{7}{6}$ をかければよいです。「**分母と分子に同じ数をかけても分数の大きさは変わらない**」ので、分母と分子に $\dfrac{7}{6}$ をかけると、次のようになります。

$$\frac{5}{8} \div \frac{6}{7} = \frac{\frac{5}{8}}{\frac{6}{7}}$$

分母と分子に $\dfrac{7}{6}$ をかける

$$= \frac{\frac{5}{8} \times \frac{7}{6}}{\frac{6}{7} \times \frac{7}{6}}$$

分母が $\dfrac{6}{7} \times \dfrac{7}{6} = 1$ になる

$$= \frac{\frac{5}{8} \times \frac{7}{6}}{1}$$

「$\dfrac{□}{1} = □$」に変形する

$$= \frac{5}{8} \times \frac{7}{6}$$

これにより、$\frac{5}{8} \div \frac{6}{7} = \frac{5}{8} \times \frac{7}{6}$ と変形できました。途中式は違いますが、【その1】の方法と、計算の原理は同じです。

【その3　かけ算に直して考える】

例えば、「6÷2＝□」という割り算をかけ算に直すと、「2×□＝6」となります。同じように、「$\frac{5}{8} \div \frac{6}{7} = \square$」をかけ算に直すと、「$\frac{6}{7} \times \square = \frac{5}{8}$」となります。この□に何を入れれば、この式は成り立つでしょうか。

まず、□に $\frac{6}{7}$ の逆数の $\frac{7}{6}$ を入れると、$\frac{6}{7} \times \frac{7}{6} = 1$ となります。答えを $\frac{5}{8}$ にする必要があるので、□に $\frac{5}{8} \times \frac{7}{6}$ を入れると、次のように式が成り立ちます。

$$\frac{6}{7} \times \square = \frac{5}{8}$$

□に $\frac{5}{8} \times \frac{7}{6}$ を入れると…

$$\frac{6}{7} \times \left(\frac{5}{8} \times \frac{7}{6}\right)$$

かっこを外して約分

$$= \frac{\cancel{6}}{\cancel{7}} \times \frac{5}{8} \times \frac{\cancel{7}}{\cancel{6}}$$

$$= \frac{5}{8}$$

もともと、「$\frac{5}{8} \div \frac{6}{7} = \square$」とおきました。そして、□に$\frac{5}{8} \times \frac{7}{6}$を入れると成り立つのですから、$\frac{5}{8} \div \frac{6}{7} = \frac{5}{8} \times \frac{7}{6}$と変形できるということです。

以上、3つの方法についてみてきました。どの方法も小学生に解説するには、少々ややこしい部分があります。しかし、じっくり解説してわかってもらうことで、算数の勉強にもなりますし、算数をより深く理解することができます。「分数の割り算では、なぜひっくり返してかけるの？」と聞かれたら、自信を持って教えてあげましょう。

分数を小数に直すには どうしたらいいの？

5年生～

　分数を小数に直したり、小数を分数に直したりする方法について、お話ししていきます。まず、次の例題をみてください。

（例1） 1 m^{2}の土地を4人で等しく分けると、1人分の土地は何 m^{2}になりますか。小数と分数の2通りの答えを求めましょう。

　図によって考えていきましょう。次のように、面積が 1m^2 の正方形の土地があるとします。

　この 1m^2 の土地を 4 人で等しく分けるのですから、次のように 4 等分します。

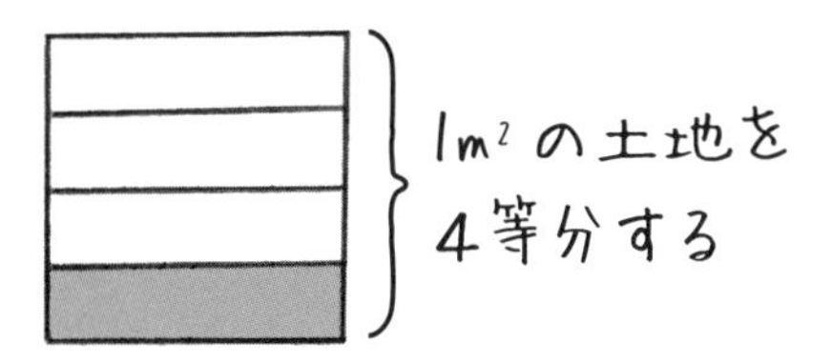

　上の図で赤い部分が、1 人分の土地です。ですから、**（例 1）は、**赤

い部分の面積を求めればよいということです。

（例1）は、小数と分数の2通りで求める問題なので、まず小数の答えを求めましょう。$1\mathrm{m}^2$ の土地を4人で等しく分けるのですから、1人分の土地は、「1 ÷ 4」を計算すれば求められます。

割り算の筆算で計算すると、「1 ÷ 4 = 0.25」となります。ですから、小数の答えは、$\underline{0.25\mathrm{m}^2}$ となります。先ほどの図で、赤い部分が $0.25\mathrm{m}^2$ ということです。

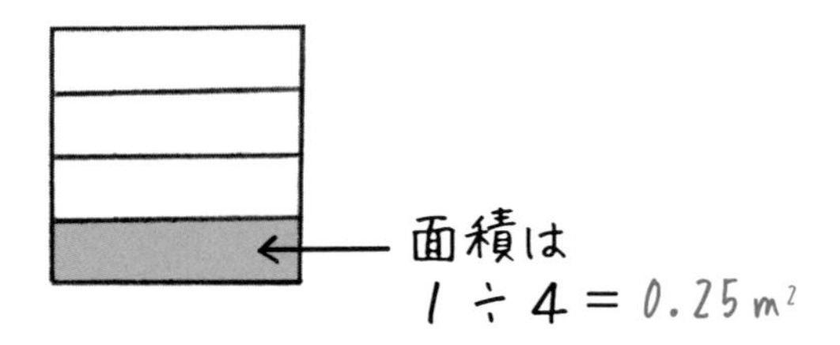

次に、分数の答えを求めましょう。$1\mathrm{m}^2$ の土地を4等分した土地なので、1人分の土地は、$\underline{\frac{1}{4}\mathrm{m}^2}$ となります。これが分数の答えです。

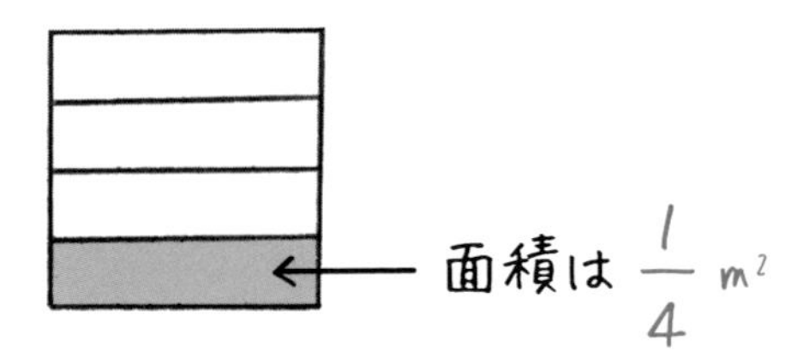

先ほども述べた通り、$1\mathrm{m}^2$ の土地を4人で等しく分けるのですから、1人分の土地は、「1 ÷ 4」を計算すれば求められます。

「1 ÷ 4」を小数で求めると $0.25\mathrm{m}^2$ になり、分数で求めると $\frac{1}{4}\mathrm{m}^2$ になるということです。ですから、$0.25\mathrm{m}^2$ と $\frac{1}{4}\mathrm{m}^2$ は同じ広さを表します。

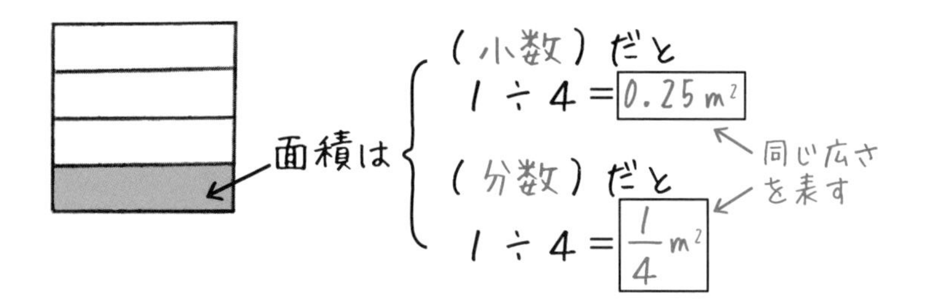

つまり、0.25と$\frac{1}{4}$は等しいということなので、「$0.25=\frac{1}{4}$」となります。次のように、数直線でみても、0.25と$\frac{1}{4}$は等しいことがわかります。

(小数)	0	0.25	0.5	0.75	1
(分数)	0	$\frac{1}{4}$	$\frac{2}{4}\left(\frac{1}{2}\right)$	$\frac{3}{4}$	1

ところで、「$1\div4=\frac{1}{4}$」という式で、次のように、割られる数の1と商の分子の1が同じで、割る数の4と商の分母の4が同じです。

同じ

$$1\div4=\frac{1}{4}$$

同じ

これは偶然ではありません。これは、「整数÷整数」のあらゆる計算において、成り立ちます。つまり、●と■を整数とすると、次の公式が成り立つということです。

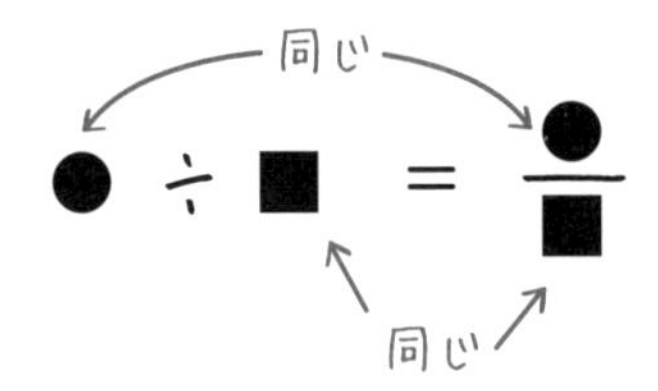

この公式が成り立つ理由については、すでに「分数の割り算」を習った生徒に対しては、次のように式を変形することで説明することができます。

$$
\begin{aligned}
& \bullet \div \blacksquare \\
&= \frac{\bullet}{1} \div \frac{\blacksquare}{1} \\
&= \frac{\bullet}{1} \times \frac{1}{\blacksquare} \\
&= \frac{\bullet}{\blacksquare}
\end{aligned}
$$

$\frac{\bullet}{1}$と$\frac{\blacksquare}{1}$に直す

割る数の逆数をかける

分母どうし、分子どうしをかける

上記のように、式を変形できるので、「$\bullet \div \blacksquare = \frac{\bullet}{\blacksquare}$」が成り立つのです。

ところで、＝（イコール）で結ばれた式は、イコールの左右を逆にしても成り立ちます。「$\bullet \div \blacksquare = \frac{\bullet}{\blacksquare}$」が成り立つなら、「$\frac{\bullet}{\blacksquare} = \bullet \div \blacksquare$」も成り立つということです。算数で、この２つの公式はどちらもおさえる必要があります。

$$\bullet \div \blacksquare = \frac{\bullet}{\blacksquare}$$

↓ イコールの左右を逆にすると

$$\frac{\bullet}{\blacksquare} = \bullet \div \blacksquare$$

「$\frac{●}{■}$＝●÷■」という公式から、**分数は割り算に直せる**ことがわかります。例えば、$\frac{1}{4}$ なら、「$\frac{1}{4} = 1 \div 4$」のように、割り算に直せるということです。これを利用すると、次のような問題を解くことができます。

（例2） **$\frac{3}{5}$ を小数に直しましょう。**

（例 2）は分数を小数に直す問題です。先ほど出てきた「$\frac{●}{■}$＝●÷■」という公式から、$\frac{3}{5}$ を割り算に直すことができます。つまり、「$\frac{3}{5} = 3 \div 5$」ということです。そして、$3 \div 5$ を筆算で計算すると、「$3 \div 5 = 0.6$」と求まります。これにより、$\frac{3}{5}$ を小数に直すと、$\underline{0.6}$ だということがわかります。

このように、「$\frac{●}{■}$＝●÷■」という公式を使えば、分数を小数に直すことができます。つまり、**分数を小数に直すには、分子を分母で割ればよいのです**。もう 1 問解いてみましょう。

（例3） **$7\frac{3}{8}$ を小数に直しましょう。**

帯分数の $7\frac{3}{8}$ を小数に直す問題です。次のようにして小数に直します。

$$7\frac{3}{8}$$
$$= 7 + \frac{3}{8}$$
$$= 7 + (3 \div 8)$$
$$= 7 + 0.375$$
$$= \underline{7.375}$$

帯分数を「整数＋真分数」にする
$\frac{3}{8}$ を「分子 ÷ 分母」の形にする
$3 \div 8$ を計算する

では逆に、小数を分数に直す方法について、みていきましょう。小数を分数に直すには、次の小数と分数の変換を利用します。

【基本的な小数と分数の変換】

$$0.1 = \frac{1}{10} \qquad 0.01 = \frac{1}{100} \qquad 0.001 = \frac{1}{1000}$$

どのように小数を分数に直すのか、次の例題を解説しながら、説明していきます。

（例4） 0.8を分数に直しましょう。

「$0.1 = \frac{1}{10}$」です。0.8 は、0.1（$= \frac{1}{10}$）を 8 個集めた数です。だから、0.8 を分数に直すと、$\frac{8}{10}$となります。$\frac{8}{10}$を約分して、答えは$\underline{\frac{4}{5}}$です。

（例5） 0.91を分数に直しましょう。

「$0.01 = \frac{1}{100}$」です。0.91 は、0.01（$= \frac{1}{100}$）を 91 個集めた数です。だから、0.91 を分数に直すと、$\frac{91}{100}$となります。これ以上、約分できないので、$\underline{\frac{91}{100}}$が答えとなります。

（例6） 8.257を分数に直しましょう。

「$8.257 = 8 + 0.257$」なので、まず 0.257 を分数に直します。

「$0.001=\frac{1}{1000}$」です。0.257は、0.001（$=\frac{1}{1000}$）を257個集めた数です。だから、0.257を分数に直すと、$\frac{257}{1000}$となります。$\frac{257}{1000}$はこれ以上、約分できません。

$\frac{257}{1000}$に8をたして、答えは$8\frac{257}{1000}$です。

（例4）～（例6）でみたように、**小数を分数に直すには、**

$$「0.1=\frac{1}{10}」「0.01=\frac{1}{100}」「0.001=\frac{1}{1000}」$$

であることを利用します。

分数と小数の変換は、中学校以降もよく出てくる計算の基本ですので、小学生のうちに確実に身につけるようにしましょう。

小数と分数の混じった式は、どう計算すればいいの？

6年生〜

小数と分数の混じった式で、**小数と分数のどちらにそろえて計算すればいいか**、迷った経験があるのではないでしょうか。

結果から言うと、**分数にそろえて計算したほうがよい場合が多い**です。一方、小数にそろえて計算したほうが、すばやく計算できる場合もあります。この項目では、どちらのパターンについても、解説していきます。

まず、**たし算と引き算**について、みていきましょう。

（例1）$0.5 + \frac{2}{7} =$

（例1）の式で、$\frac{2}{7}$を小数に直そうとしても、「$2 \div 7$」が割り切れないので、分数にそろえて計算する必要があります。

$$0.5 + \frac{2}{7}$$

$$= \frac{1}{2} + \frac{2}{7}$$

$0.5 = \frac{5}{10} = \frac{1}{2}$

$$= \frac{7}{14} + \frac{4}{14}$$

通分する

$$= \frac{11}{14}$$

たす

分母が1ケタ（2以上）の真分数で考えると、**分母が2、4、5、8の真分数は小数に直せる**（「分子÷分母」が割り切れる）のですが、**分母が3、6、7、9の真分数は小数に直せない**（「分子÷分母」が割り切れない）ということを知っておくとよいでしょう（$\frac{3}{6}$は、0.5に直せるので除きます）。

例えば、分母が4の$\frac{3}{4}$は、$\frac{3}{4}=0.75$のように小数に直せます。一方、分母が9の$\frac{2}{9}$は、$\frac{2}{9}=0.222\cdots$となって、小数に直せません。ここで、次の例題をみてください。

（例2） $\frac{3}{5}-0.1=$

（例2）の式は、小数、分数どちらにそろえても計算できます。まず小数にそろえて計算すると、次のようになります。

$$\frac{3}{5}-0.1$$
（$\frac{3}{5}=3\div5=0.6$）
$$=0.6-0.1$$
（引く）
$$=\underline{0.5}$$

一方、分数にそろえて計算すると、次のようになります。

$$\frac{3}{5}-0.1$$
（$0.1=\frac{1}{10}$）
$$=\frac{3}{5}-\frac{1}{10}$$
（通分する）
$$=\frac{6}{10}-\frac{1}{10}$$
（引く）
$$=\frac{5}{10}$$
（約分する）
$$=\underline{\frac{1}{2}}$$

（例2）の式は、小数にそろえたほうが、すばやく計算できるでしょう。$\frac{3}{5}$を小数の0.6に直すのはかんたんだからです。一方、分数に直して計算すると、途中式で、通分や約分が必要になり、時間がかかります。

次に、**かけ算と割り算**についてみていきましょう。たし算と引き算に比べて、**かけ算と割り算では、分数にそろえたほうがよい計算が、より多い**です。例えば、「$\frac{7}{10} \times 0.8 = 0.7 \times 0.8 = 0.56$」のように、小数にそろえたほうが、すばやく解ける計算もありますが、**基本的には、かけ算と割り算では、分数にそろえて計算するほうがよい**とおさえておきましょう。まず、かけ算の例題をみてください。

（例3） $0.45 \times \frac{2}{3} =$

（例3）の式では、$\frac{2}{3}$を小数に直そうとしても「$2 \div 3$」が割り切れないので、分数にそろえて、次のように計算しましょう。

$$0.45 \times \frac{2}{3}$$

$$= \frac{9}{20} \times \frac{2}{3}$$

$0.45 = \frac{45}{100} = \frac{9}{20}$

$$= \frac{\overset{3}{\cancel{9}} \times \overset{1}{\cancel{2}}}{\underset{10}{\cancel{20}} \times \underset{1}{\cancel{3}}}$$

←かける前に約分する

分母どうし、分子どうしをかける

$$= \frac{3}{10}$$

次に、割り算の例題をみてください。

（例4） $2.3 \div 3\frac{1}{15} =$

（例4）の式では、$\frac{1}{15}$を小数に直そうとしても「$1 \div 15$」が割り切れないので、分数にそろえて、次のように計算しましょう。

$$2.3 \div 3\frac{1}{15}$$

$$= \frac{23}{10} \div \frac{46}{15}$$

$2.3 = 2\frac{3}{10} = \frac{23}{10}$、$3\frac{1}{15} = \frac{46}{15}$

$$= \frac{23}{10} \times \frac{15}{46}$$

割る数の逆数をかける

$$= \frac{\overset{1}{\cancel{23}} \times \overset{3}{\cancel{15}}}{\underset{2}{\cancel{10}} \times \underset{2}{\cancel{46}}}$$

かける前に約分する

$$= \frac{3}{4}$$

分母どうし、分子どうしをかける

ここまで、小数と分数の混じった計算についてみてきました。

ところで、「**小数÷小数（もしくは、整数÷小数）」の式でも、小数を分数に直して計算したほうがよいことがある**ので注意しましょう。次の例題をみてください。

（例5） $2.5 \div 3.5 =$

この計算を、小数のまま筆算で解こうとすると、「$2.5 \div 3.5 = 0.71428571\cdots$」となって割り切れません。ですから、次のように、分数に直して計算するようにしましょう。

$$
\begin{aligned}
&2.5 \div 3.5 \\
&= 2\frac{1}{2} \div 3\frac{1}{2} \\
&= \frac{5}{2} \div \frac{7}{2} \\
&= \frac{5}{2} \times \frac{2}{7} \\
&= \frac{5 \times \cancel{2}^{1}}{{}_{1}\cancel{2} \times 7} \\
&= \underline{\frac{5}{7}}
\end{aligned}
$$

$2.5 = 2\frac{5}{10} = 2\frac{1}{2}$、$3.5 = 3\frac{5}{10} = 3\frac{1}{2}$

仮分数に直す

割る数の逆数をかける

かける前に約分する

分母どうし、分子どうしをかける

（例5）の計算をするとき、まず小数のまま筆算をして割り切れないと気付いてから、分数の計算をするのでは、時間がかかってしまいます。

小数÷小数（もしくは、整数÷小数）では、小数のままでも確実に割り切れると判断したときは筆算で解いてもよいのですが、**割り切れるかどうかがわからないときは、初めから分数に直して計算する**ようにしましょう。それによって、すばやく確実に計算できます。

第6章

平面図形の「?」を解決する

直角と垂直の違いって何?
四角形の面積を求める公式はなぜ成り立つの?
三角形の面積はなぜ「底辺×高さ÷2」で求まるの?
三角形の内角の和はなぜ180度なの?
□角形の内角の和はなぜ「180×(□−2)」で求まるの?
円周の長さはなぜ「直径×円周率」で求まるの?
円の面積はなぜ「半径×半径×円周率」で求まるの?
3.14をかける計算は、どうすればスムーズにできるの?
拡大図と縮図って何?
線対称と点対称って何?

直角と垂直の違いって何？

4年生～

「直角と垂直の違いって何?」とお子さんに聞かれたら、正しく答えられますか？

直角とは、**90度**のことです。直角（1つ分）のことを、**1直角**とも言います。

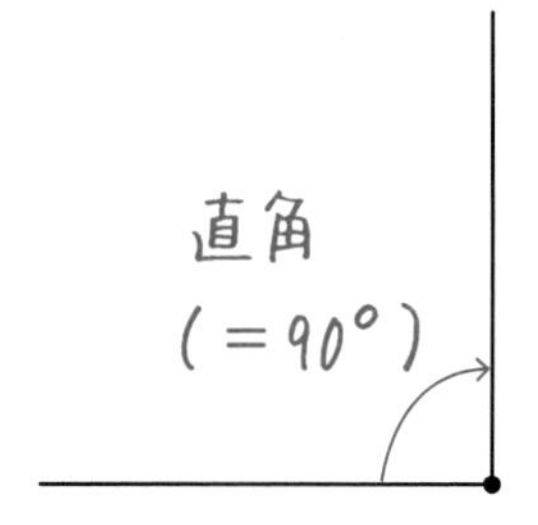

また、**一直線の角度**を、**2直角**（直角2つ分）と言います。直角2つ分ですから、2直角は（90×2＝）180度です。

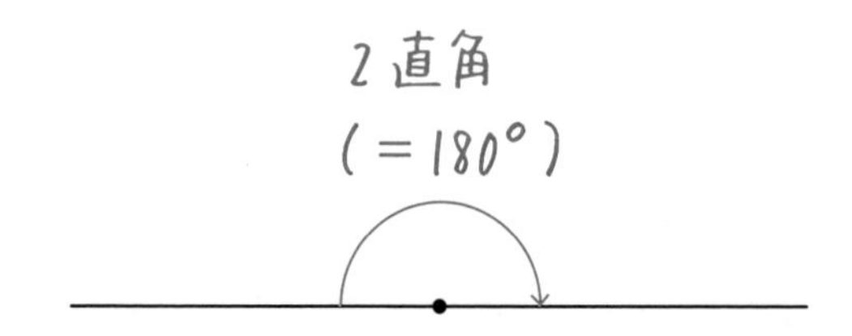

同じように考えて、3 直角（直角 3 つ分）は、(90 × 3 =)270 度を表します。

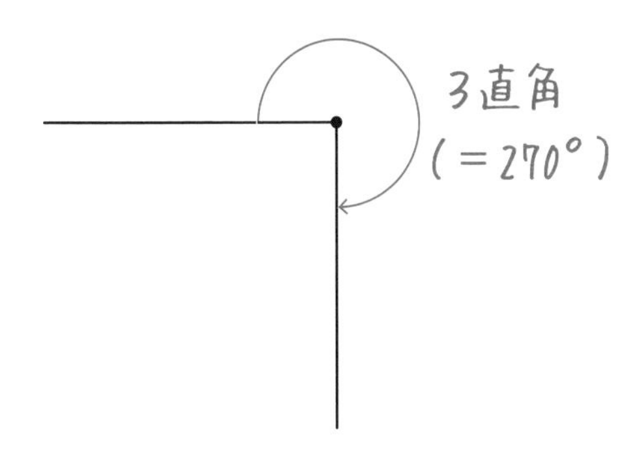

また、**1 回転させたときの角度**が、4 直角（直角 4 つ分）で、(90 × 4 =)360 度を表します。

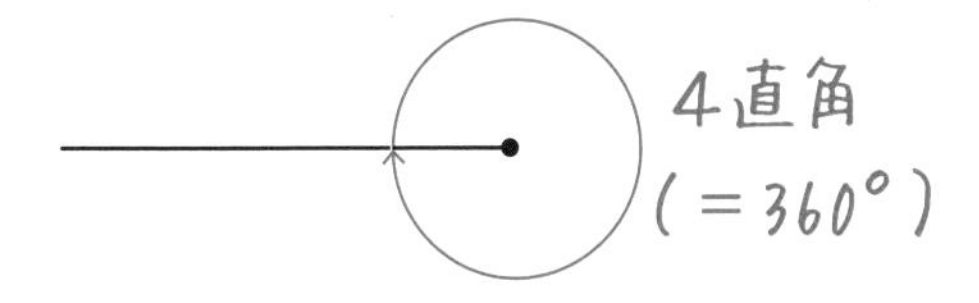

2 直角や 3 直角という言葉を、あまり聞いたことがない方もいるかもしれませんが、小学校の教科書にも載（の）っている用語なので、それらの正しい意味をおさえておきましょう。「直角」について、より深く理解する助けにもなります。

ここで冒頭（ぼうとう）の質問に戻りますが、直角と垂直の違いは何なのでしょうか。**2 本の直線が交（まじ）わってつくる角が直角（= 90 度）である**とき、この 2 本の直線は垂直であると言います。

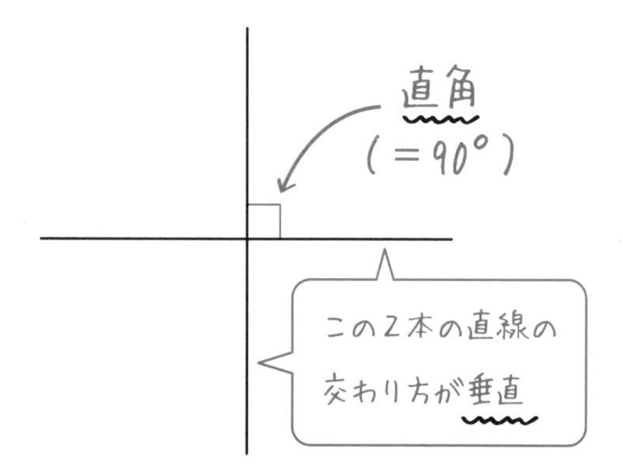

つまり、直角が「**90度という角の大きさ**」を表す一方、垂直は「**2本の直線がどのように交わるか**」を表す用語だということです。

直角と垂直の意味をほぼ同じだと思っている生徒も多いのですが、**教科書でもしっかり区別されて使われている**用語なので、これを機会に、意味の違いをおさえましょう。

では、垂直と対(つい)になる用語である「平行(へいこう)」の意味は何でしょうか。
1本の直線に垂直な2本の直線を、平行であると言います。

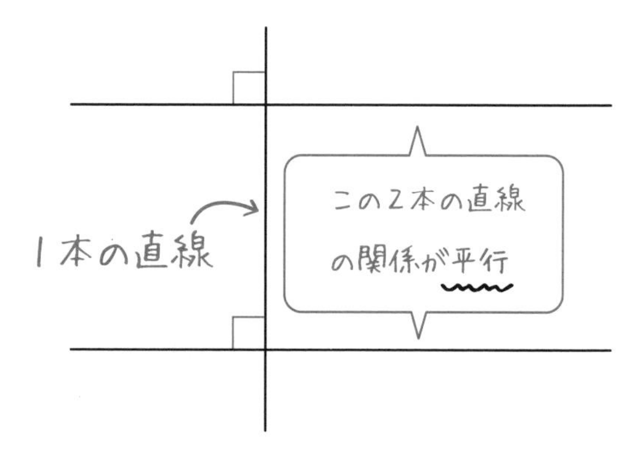

また、**平行な直線はどこまでのばしても交わらない**ことも、あわせておさえることをおすすめします。

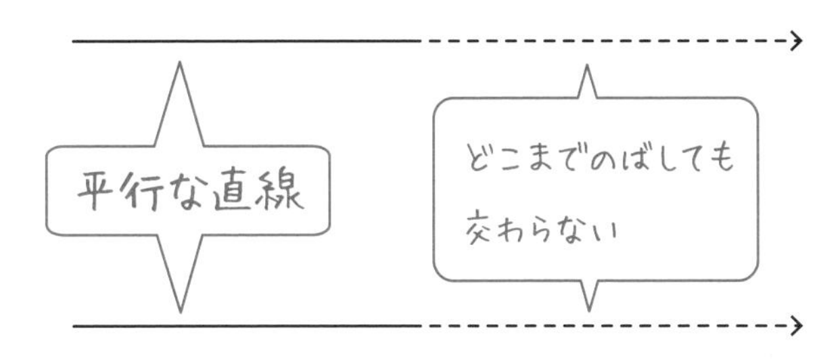

直角、垂直、平行という用語について解説してきましたが、それらの意味を聞かれたときに、正確に答えられるようにしておきましょう。

四角形の面積を求める公式はなぜ成り立つの？

4年生～

広さのことを面積と言います。

算数によく出てくる面積の単位は、cm²（読み方は平方センチメートル）です。1辺が1cmの正方形の面積が1cm²です。

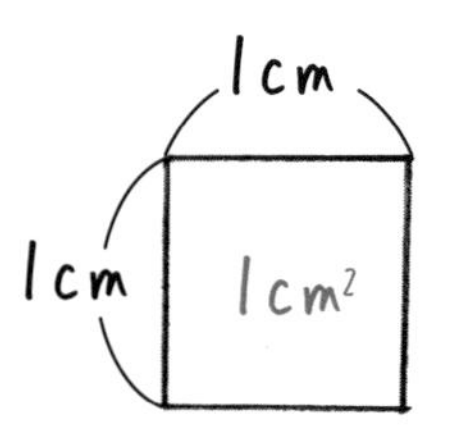

小学校では、さまざまな四角形の面積の求め方を学びます。それらの四角形の面積を求める公式が成り立つ理由について、みていきます。

(1)「長方形の面積 ＝ たて × 横」が成り立つ理由

（例1） 次の長方形の面積は何cm²ですか。

横 4cm

たて 3cm

この長方形の面積は、「**たて × 横＝3 × 4 ＝12 (cm^2)**」と求まります。では、どうして、長方形の面積は「たて × 横」で求まるのでしょうか。

「**1 辺が 1 cm の正方形の面積が 1 cm^2**」であることはすでに述べました。ですから、「(例 1) の長方形の中に、1 辺が 1cm の正方形（面積は 1cm^2）がいくつあるか」を求めれば、長方形の面積が求められます。

(例 1) の長方形のたてと横を 1cm ずつきざみ、方眼にすると次のようになります。

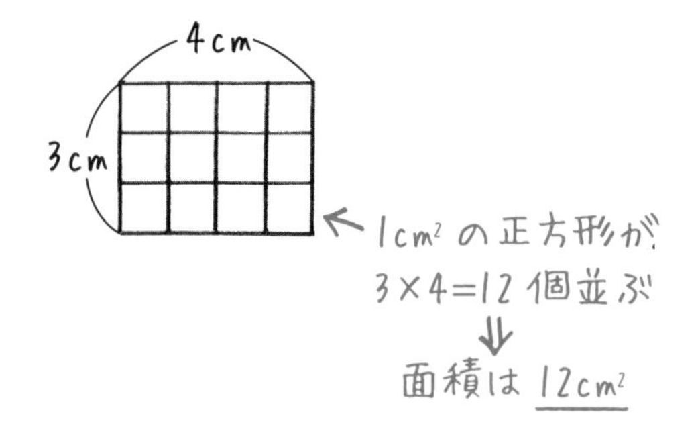

長方形のたてには 3 個の正方形が並び、横には 4 個の正方形が並びました。つまり、長方形の中に、正方形が 3 × 4 ＝ 12 個並んだということになります。1cm^2 の正方形が 12 個並んだので、(例 1) の長方形の面積は 12cm^2 だとわかります。

(例 1) の長方形のたてと横に並ぶ正方形の数（**3 個と 4 個**）と、たてと横の辺の長さの数（**3cm と 4cm**）は同じです。だから、長方形の面積は「たて × 横」で求まるのです。

(2)「正方形の面積 ＝ 1 辺 × 1 辺」が成り立つ理由

（例2） **次の正方形の面積は何 cm^2 ですか。**

この正方形の面積は、「**1 辺 × 1 辺＝ 3 × 3 ＝ 9 (cm^2)**」と求まります。では、どうして、正方形の面積は「1 辺 × 1 辺」で求まるのでしょうか。

その理由は、長方形と同じように説明できます。（例 2）の正方形の 1 辺を 1cm ずつきざみ、方眼にすると次のようになります。

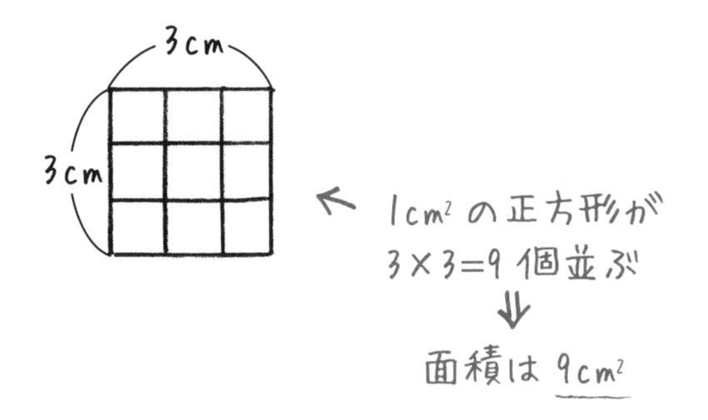

（例 2）の正方形に、1 辺が 1cm の正方形（$1cm^2$）が、3 × 3 ＝ 9 個並んだということになります。$1cm^2$ の正方形が 9 個並んだので、（例 2）の正方形の面積は $9cm^2$ だとわかります。

（例2）の正方形の1辺に並ぶ（小さい）正方形の数（**3個**）と、1辺の長さの数（**3cm**）は同じです。だから、正方形の面積は「1辺 × 1辺」で求まるのです。

（3）「平行四辺形の面積 ＝ 底辺 × 高さ」が成り立つ理由

2組の向かい合う辺がそれぞれ平行な四角形を、平行四辺形と言います。

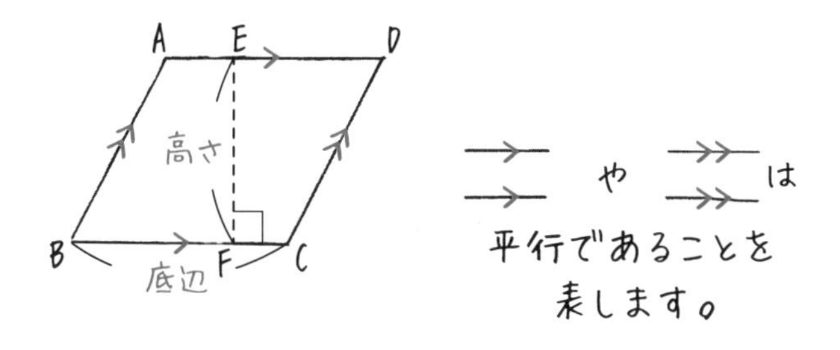

上の平行四辺形で、辺BCを底辺（ていへん）としたとき、その底辺に垂直な直線EFの長さを高さと言います。

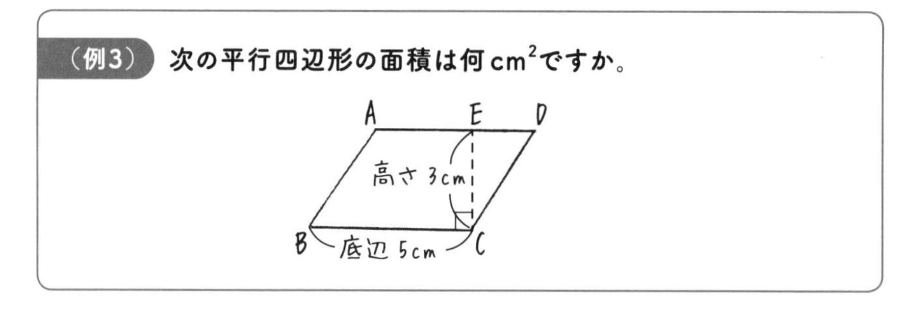

この平行四辺形の面積は、「**底辺 × 高さ ＝ 5 × 3 ＝ 15（cm^2）**」と求まります。では、どうして、平行四辺形の面積は「底辺 × 高さ」で求まるのでしょうか。

その理由を説明していきます。（例3）の平行四辺形で、三角形CDE

を次の図のように、平行四辺形の左のほうに移動します。すると、平行四辺形 ABCD が長方形 FBCE に変形します。

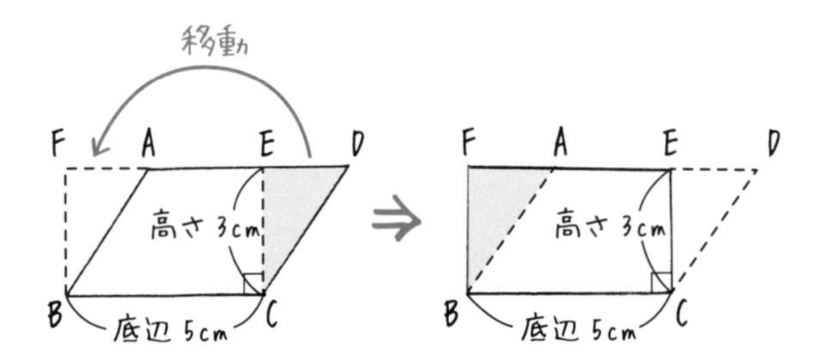

長方形 FBCE の面積は、底辺 BC の長さ（横 5cm）と高さ CE の長さ（たて 3cm）をかけて、$5 \times 3 = 15$ (cm^2) と求まります。だから、長方形 FBCE の面積、すなわち平行四辺形 ABCD の面積は、「底辺 × 高さ」で求まるのです。

(4)「台形の面積 ＝（上底＋下底）× 高さ ÷ 2」が成り立つ理由

1組の向かい合う辺が平行な四角形を、台形と言います。

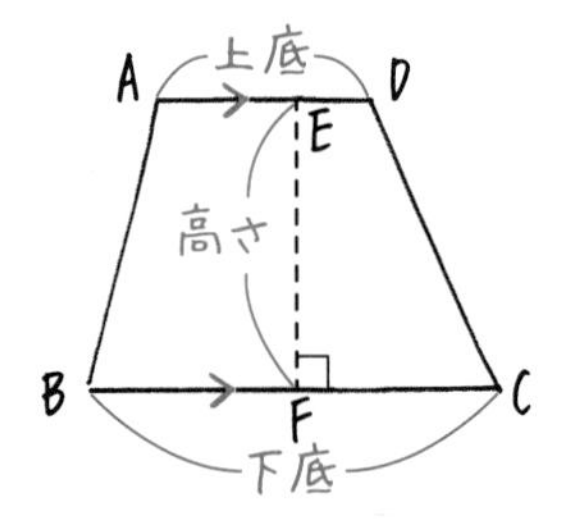

上の台形で、平行な辺 AD、辺 BC を上底、下底と言います。そして、上底と下底に垂直な直線 EF の長さを高さと言います。

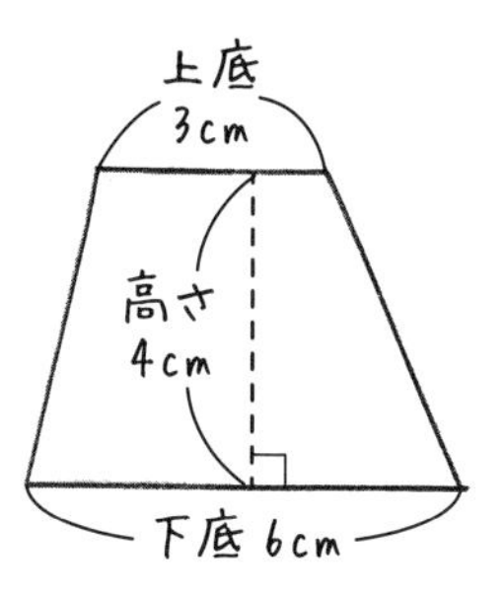

この台形の面積は、

「(上底 ＋ 下底) × 高さ ÷2＝(3＋6)×4÷2＝18 (cm²)」

と求まります。では、どうして、台形の面積は「(上底 ＋ 下底) × 高さ ÷2」で求まるのでしょうか。

その理由を説明していきます。(例4) の台形と合同（ごうどう）な台形を、上下さかさまにしてくっつけると、次のように平行四辺形になります。合同とは、形も大きさも同じ図形のことです。

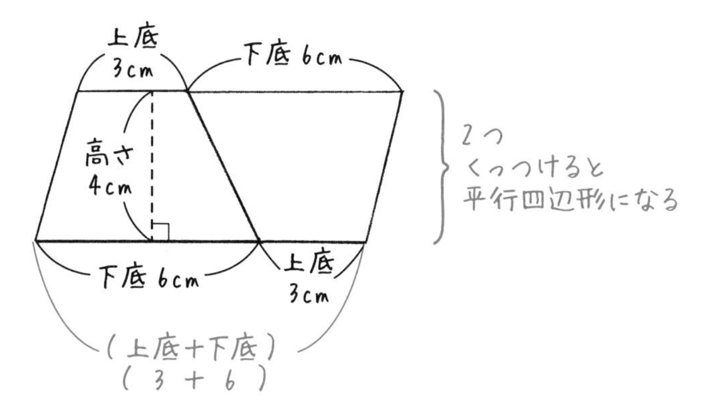

この平行四辺形の底辺は、もとの台形の上底と下底をたした長さになります。だから、この平行四辺形の面積は、「(上底 ＋ 下底) × 高さ」

で求まります。一方、もとの台形の面積は、平行四辺形の半分ですから、「(上底 ＋ 下底) × 高さ ÷2」で求めることができるのです。これにより、(例 4) の台形の面積は、$(3+6)\times 4\div 2=18\,(\mathrm{cm}^2)$ であることがわかります。

(5)「ひし形の面積 ＝ 対角線 × 対角線 ÷ 2」が成り立つ理由

4本の辺の長さが等しい四角形を、ひし形と言います。また、**四角形などで、となり合わない2つの頂点を結ぶ直線**を、対角線と言います。

（例5） **次のひし形の面積は何 cm^2 ですか。**

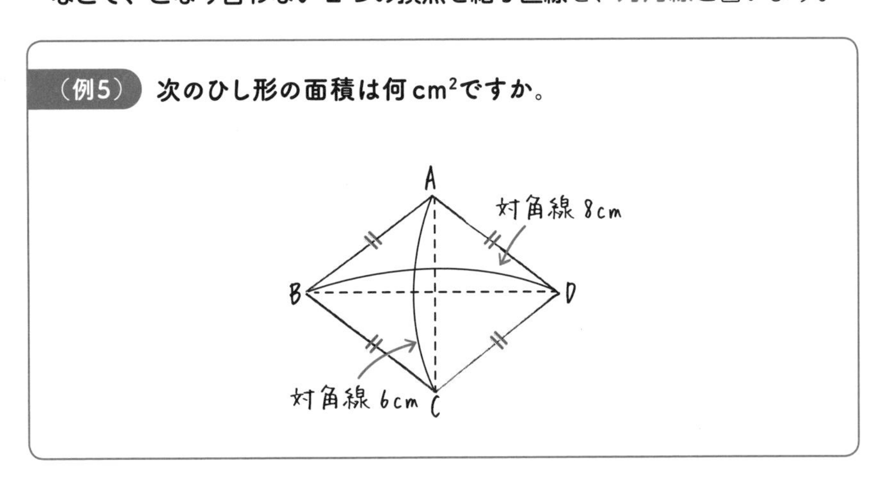

このひし形の面積は、「**対角線×対角線÷2＝6×8÷2＝24 (cm^2)**」と求まります。では、どうして、ひし形の面積は「対角線 × 対角線 ÷2」で求まるのでしょうか。

その理由を説明していきます。ひし形には、「**2本の対角線が直角に交わる**」という性質があります。(例 5) のひし形は、2 本の対角線 AC と BD によって、次のように 4 つの合同な直角三角形に分けることができます。

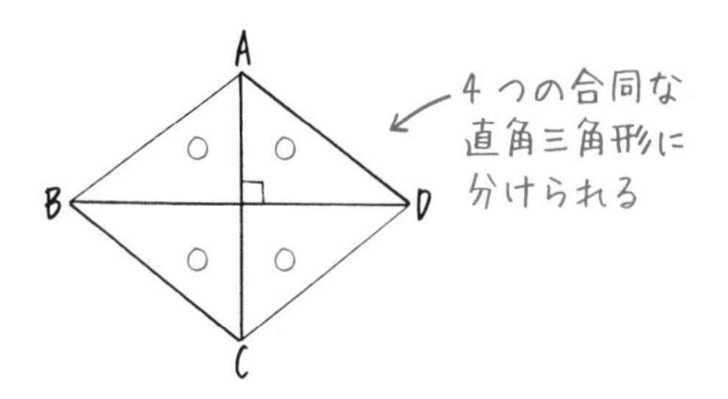

そして、このひし形の外側に、さらに4つの合同な直角三角形をくっつけると、次の図のように、長方形 EFGH をつくることができます。

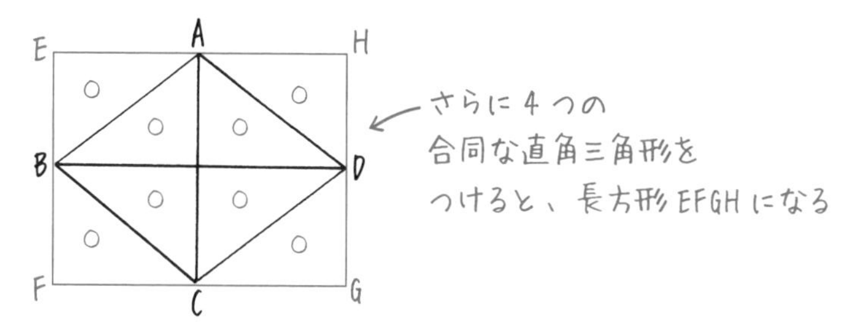

長方形 EFGH(＝ 直角三角形8つ分）の面積は、「(ひし形の）対角線 × 対角線」で求まります。一方、ひし形（＝ 直角三角形4つ分）の面積は、長方形 EFGH の半分ですから、「対角線 × 対角線 ÷2」で求められます。つまり、(例5）のひし形の面積は、

$$6 \times 8 \div 2 = 24\,(\text{cm}^2)$$

であることがわかります。

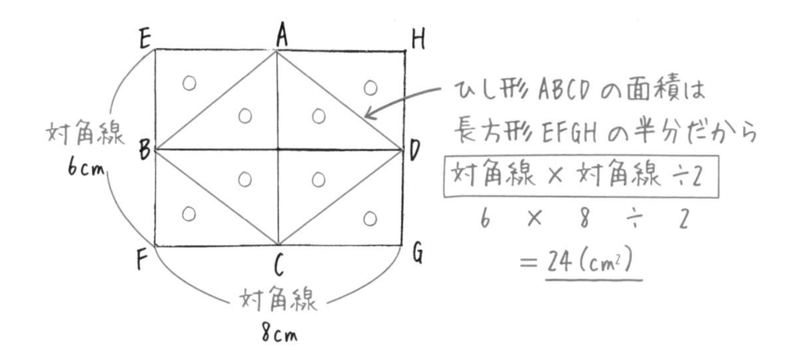

以上、長方形、正方形、平行四辺形、台形、ひし形の面積を求める公式が成り立つ理由についてみてきました。

算数のテストなどでは、公式の成り立つ理由はわからなくても、公式さえ知っていれば解けることが多いです。しかし、公式が成り立つ理由を知った上で解くことによって、より深く算数を理解し、根本から考える力を養っていくことができます。

三角形の面積はなぜ「底辺×高さ÷2」で求まるの？

5年生～

三角形の面積は、「底辺 × 高さ ÷2」で求めることができます。次の図で、三角形の高さとは、底辺 BC に垂直な線分 AD の長さのことです。

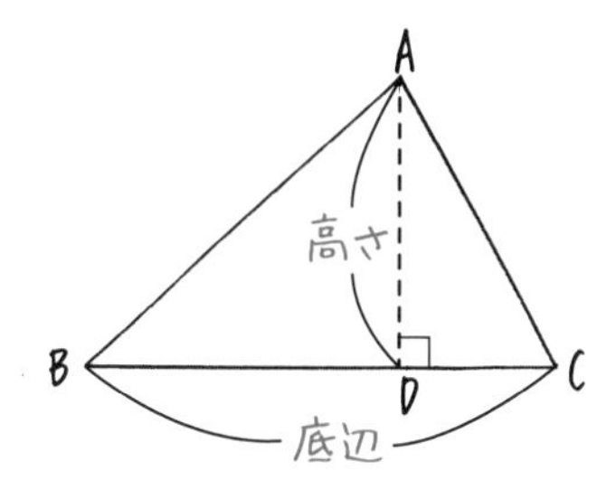

次の例題をみてください。

（例1） 次の三角形ABCの面積は何cm^2ですか。

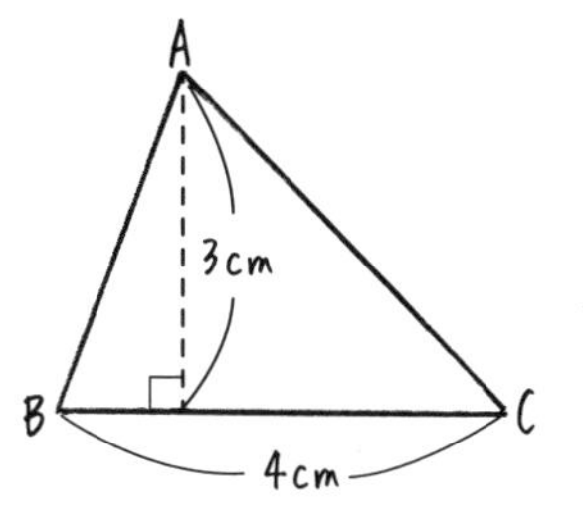

三角形 ABC の面積は、「**底辺 × 高さ ÷2 = 4×3÷2 = 6 (cm^2)**」と求まります。では、どうして、三角形の面積は「底辺 × 高さ ÷2」で求まるのでしょうか。その理由をみていきましょう。

（例 1）の三角形 ABC と合同な三角形 ACD をくっつけると、次のように、平行四辺形 ABCD になります。

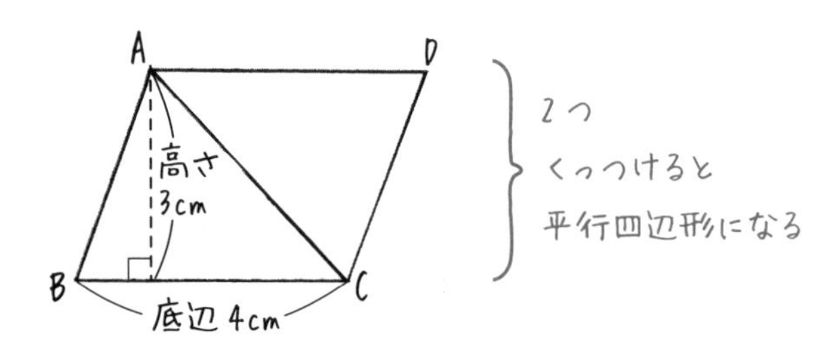

平行四辺形の面積は「底辺 × 高さ」で求まるので、平行四辺形 ABCD の面積は、$4 \times 3 = 12$ (cm²) です。そして、**三角形 ABC の面積は、平行四辺形 ABCD の面積の半分**なので、$4 \times 3 \div 2 = 6$ (cm²) と求めることができます。つまり、三角形の面積は「底辺 × 高さ ÷ 2」で求められるのです。

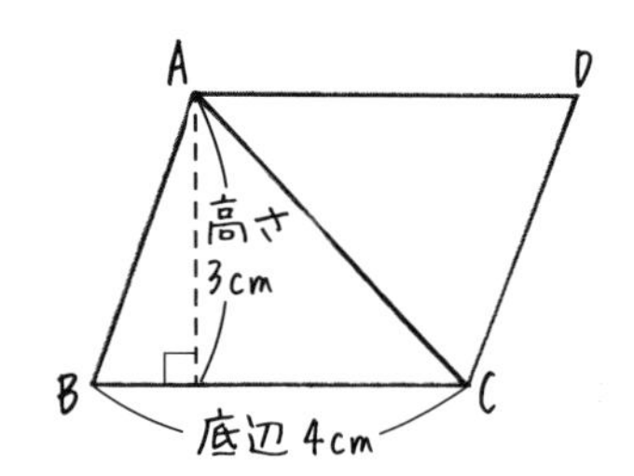

平行四辺形 ABCD の面積 ＝ 底辺 × 高さ ＝ 4 × 3
＝ 12 (cm²)

三角形 ABC の面積 ＝ 底辺 × 高さ ÷ 2
＝ 4 × 3 ÷ 2
＝ 6 (cm²)

次の例題をみてください。

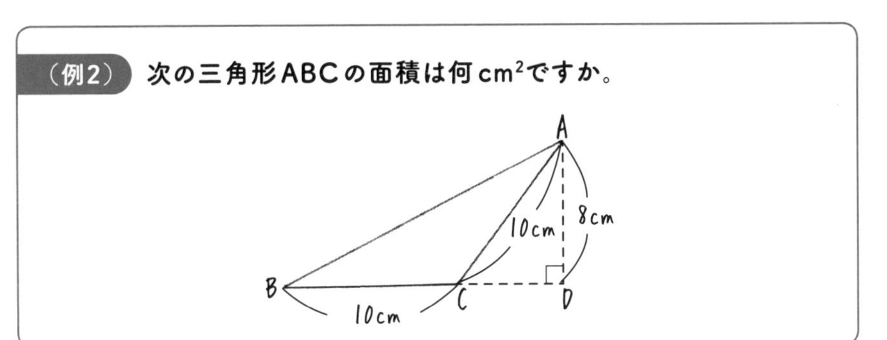

（例2）の三角形ABCで、BCを底辺にすると、高さはどこになると思いますか？　BCを底辺とすると、**底辺を延長した直線CDに垂直な線分AD（8cm）の長さ**が**高さ**になります。「三角形の面積 ＝ 底辺 × 高さ ÷2」なので、三角形ABCの面積は、$10 \times 8 \div 2 =$ 40（cm^2）です。

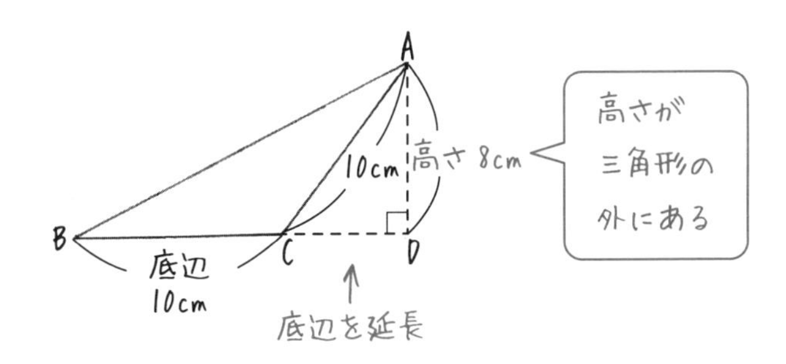

このように、**高さが三角形の外にある**こともあるので注意しましょう。（例2）で、辺ACを高さと考える人がいますが、底辺BCと辺ACは垂直に交わらないので、それは間違いです。

三角形では、**底辺（を延長した直線）と高さは必ず垂直に交わる**ことをおさえましょう。

三角形の内角の和はなぜ180度なの？

5年生〜

内角とは、内部の角のことです。三角形の内角の和はなぜ180度になるのでしょうか。まず、小学校ではどう説明しているか解説します。

【三角形の内角の和が180度になることについて、小学生向けの説明】

① 紙に三角形を描いて、その三角形を切り取ります。この三角形をAとします。

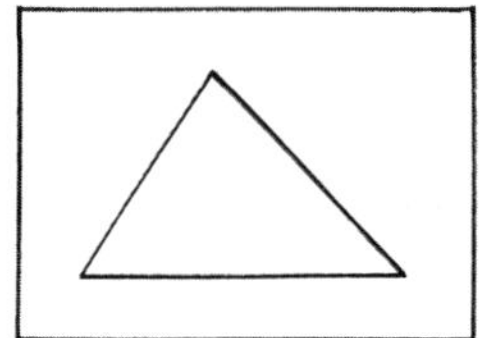

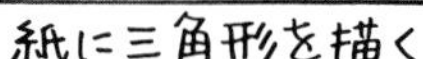

② 三角形Aの3つの角を切り取って集めると、次のように一直線に並びます。**一直線の角は180度なので、三角形Aの内角の和は180度である**ことがわかります。

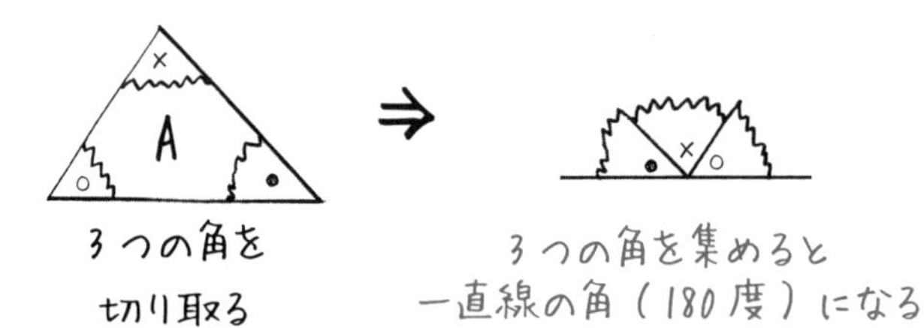

しかし、この説明は、三角形の内角の和が180度であることの証明とは言えません。なぜなら、この説明によって、三角形Aの内角の和が180度であることは言えても、他の三角形の内角の和が180度であるかどうか、わからないからです。

三角形の内角の和が180度であることを証明するためには、中学数学の知識が必要です。中学数学では、同位角と錯角の性質を使って、次のように証明します。

【三角形の内角の和が180度になることについて、中学生向けの証明】

任意の三角形ABCがあり、次の図のように、内角をa、b、cとします。

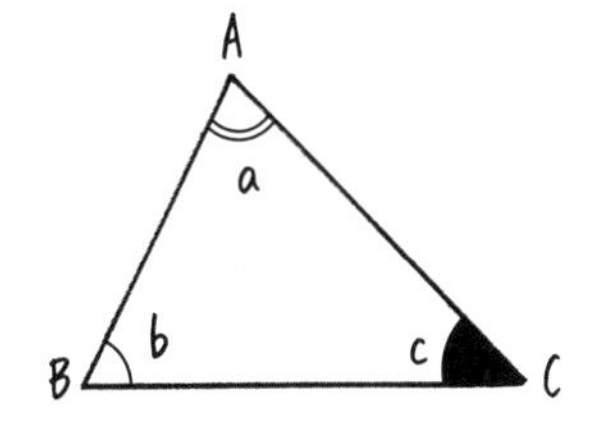

次の図のように、点Cを通り、辺BAに平行な直線をCDとします。また、辺BCをCのほうに延長し、CEとします。そして、∠ACD＝∠a′、∠DCE＝∠b′とします。

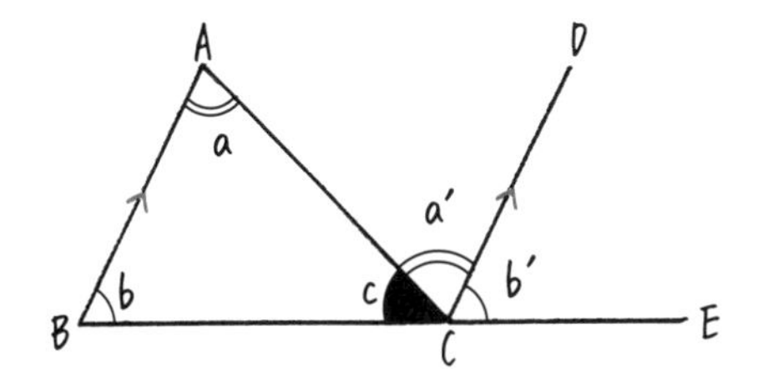

BAとCDは平行で、平行線の錯角は等しいので、$\angle a = \angle a'$ です。
また、平行線の同位角は等しいので、$\angle b = \angle b'$ です。

よって、$\angle a + \angle b + \angle c = \angle a' + \angle b' + \angle c = 180$ 度

だから、三角形の内角の和は180度です。

この証明は、すべての三角形について成り立つので、（平面上に描いた）あらゆる三角形の内角の和は180度であることがわかります。

小学生のうちは、前者の説明を理解していればよいでしょう。一方、中学生以上の方は、後者の証明もおさえておくことをおすすめします。

□角形の内角の和はなぜ「180×(□−2)」で求まるの？

5年生〜

三角形、四角形、五角形などのように、直線で囲まれた図形を**多角形**（たかくけい）と言います。多角形の内角の和は、次の式で求めることができます。

【多角形の内角の和の公式】
□角形の内角の和 ＝ 180 × (□− 2)

この公式を使うと、次のように、多角形の内角の和を求めることができます。

三角形の内角の和 $=180\times(3-2)=180\times1=180$（度）
四角形の内角の和 $=180\times(4-2)=180\times2=360$（度）
五角形の内角の和 $=180\times(5-2)=180\times3=540$（度）
六角形の内角の和 $=180\times(6-2)=180\times4=720$（度）

では、□角形の内角の和はなぜ 180×(□−2) で求まるのでしょうか。その理由を探っていきましょう。三角形の内角の和が 180 度になる理由は、ひとつ前の項目ですでに解説しました。ですから、三角形以外の多角形の内角の和が求まる理由について調べていきます。

多角形の 1 つの頂点から対角線を引くと、次の図のようにいくつかの三角形に分けることができます。

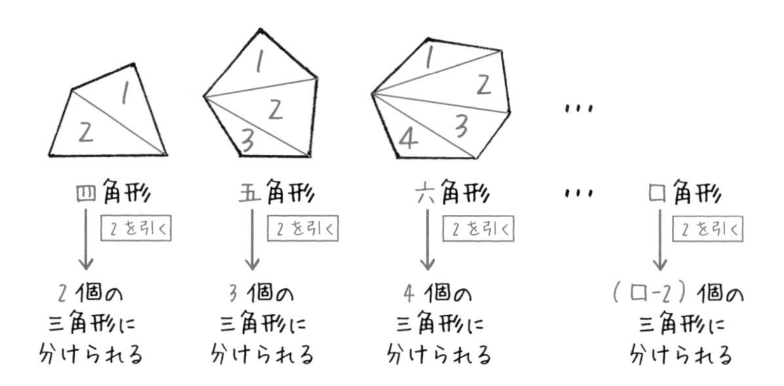

四角形なら2個の三角形に分けられ、**五角形なら3個の三角形**に分けられ、**六角形なら4個の三角形**に分けられます。

このように、どの多角形も、**辺の数から2引いた数の三角形**に分けられます。つまり、**□角形**なら、**(□－2)個の三角形**に分けられるということです。

そして、三角形の内角の和は180度なので、**□角形の内角の和**は、**180×(□－2)**で求められるのです。

例をもとに考えてみましょう。例えば、五角形なら、次のように5－2＝3つの三角形に分けられます。3つの三角形の内角を、それぞれア～ケで表します。

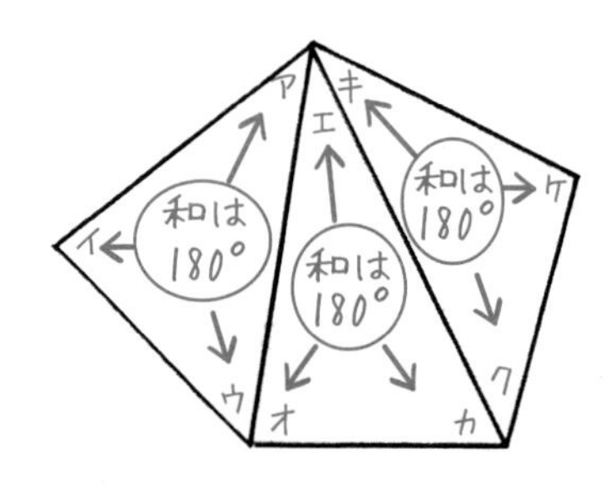

三角形の内角の和は180度なので、「ア＋イ＋ウ ＝180（度）」「エ＋ オ＋カ ＝180（度）」「キ＋ク＋ケ ＝180（度）」です。

五角形の内角の和は、ア〜ケの角度の和なので、

$$180 \times (5-2) = 540 \text{（度）}$$

と求まるのです。

では、多角形の内角の和について、次の例題を解いてみましょう。

（例） **次の問いに答えましょう。**

（1） 九角形の内角の和は何度ですか。

（2） 正六角形の1つの内角の大きさは何度ですか。

(1) から解いていきます。**□角形の内角の和は、180×（□−2）**で求められます。だから、九角形の内角の和は、

$$180 \times (9-2) = \underline{1260\text{（度）}} \text{です。}$$

(2) を解いていきます。**□角形の内角の和は、180×（□−2）**で求められます。ですから、六角形の内角の和は、$180 \times (6-2) = 720$（度）です。

また、正六角形の6つの内角の大きさはすべて等しいです。だから、正六角形の1つの内角の大きさは、$720 \div 6 = \underline{120\text{（度）}}$ です。

以上、多角形の内角の和の公式についてみてきました。なぜ、公式が成り立つのか、順序立てて説明できるようにしておきましょう。

円周の長さはなぜ「直径×円周率」で求まるの？

5年生〜

円の周りのことを円周と言い、その長さを求めるには「円周の長さ ＝ 直径 × 円周率」という公式を使います。円周率は、3.14159265…と無限に続く小数ですが、小学算数ではふつう、3.14を使います(p.109参照)。

（例） **次の円の、円周の長さを求めましょう。ただし、円周率は3.14とします。**

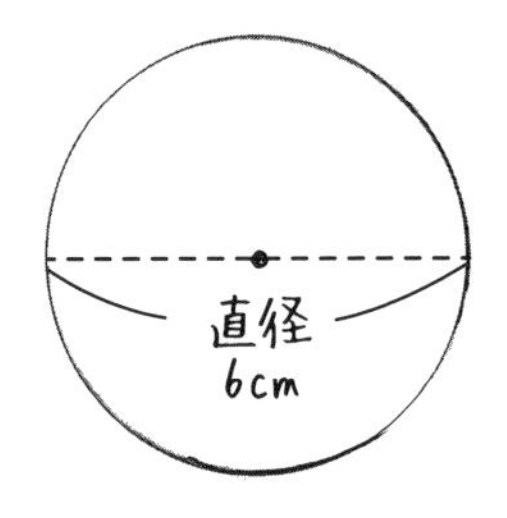

「円周の長さ ＝ 直径 × 円周率」なので、

$6 \times 3.14 = \underline{18.84}$ (cm)

と求めることができます。

では、「円周の長さ ＝ 直径 × 円周率」という公式はなぜ成り立つのでしょうか。結果から言うと、「**円周率という言葉がそういう意味だから**」というのが答えになります。

「どういうこと？」と思われたかもしれませんね。まずは、円周率の意味についてみてみましょう。円周率の意味は「**円周の長さが、直径の長さの何倍になっているかを表す数**」です。つまり、「円周率 = 円周の長さ ÷ 直径」ということです。そして、この式をかけ算に直すと、「円周の長さ = 直径 × 円周率」となります。

ですから、「円周の長さはなぜ『直径 × 円周率』で求まるの？」という質問に対して、大人向けに答えるなら「それが円周率の定義（意味）だから」ということになります（「定義」という言葉は中学数学で習います）。そして、子供向けには「円周率という言葉がそういう意味だからだよ。実際に国語辞典で『円周率』を調べて、その意味を確かめてごらん」とすすめてみるのもよいでしょう。

算数や数学の世界は、「円周率」のように、人間がその定義を決めた用語の上に成り立っています。例えば、「3つの直線で囲まれた図形を、どうして三角形と言うの？」という質問に対する答えは、「そう人間が決めたから」です。一方、「円周の長さはなぜ『直径 × 円周率』で求まるの？」という質問に対する答えも、やはり「そう人間が決めたから」もしくは、「円周率という言葉がそういう意味だから」です。

このように、算数の世界では、「そう人間が決めたから」という理由で説明される場合があることを、小学生がなんとなくでも理解することは意味があると考えます。なぜなら、中学数学で習う「定義」という言葉のイメージをつかむきっかけにもなるからです。

円の面積はなぜ「半径×半径×円周率」で求まるの？

6年生～

円の面積を求めるには「円の面積 ＝ 半径 × 半径 × 円周率」という公式を使います。

（例） 次の円の面積を求めましょう。ただし、円周率は3.14とします。

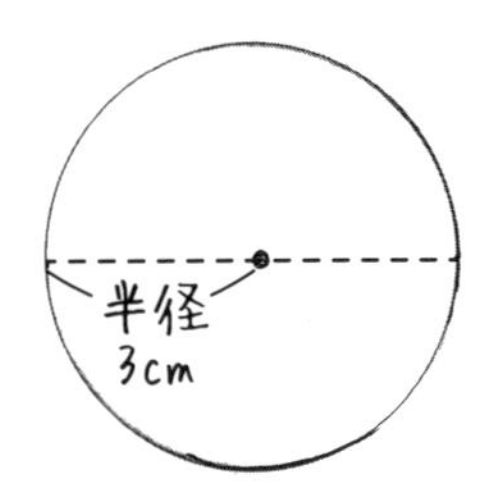

「円の面積 ＝ 半径 × 半径 × 円周率」なので、

$$3 \times 3 \times 3.14 = \underline{28.26\,(\mathrm{cm}^2)}$$

と求めることができます。

どうして、「円の面積 ＝ 半径 × 半径 × 円周率」という公式が成り立つか、ここでは、その理由を説明していきます。

例えば、円を 12 等分して、その 12 等分した図形を、交互に逆さまに、はり合わせると次のような図形になります。

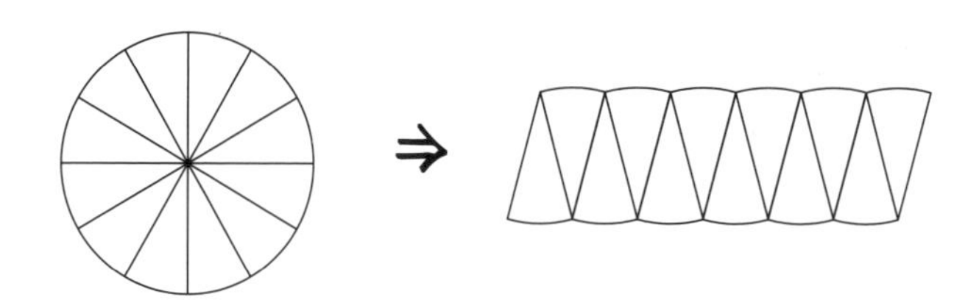

次に、円を 18 等分して、その 18 等分した図形を、交互に逆さまに、はり合わせると次のような図形になります。

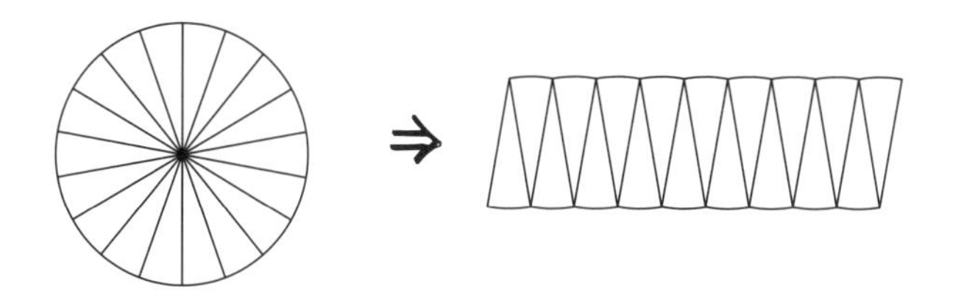

最後に、円を 36 等分して、その 36 等分した図形を、交互に逆さまに、はり合わせると次のような図形になります。

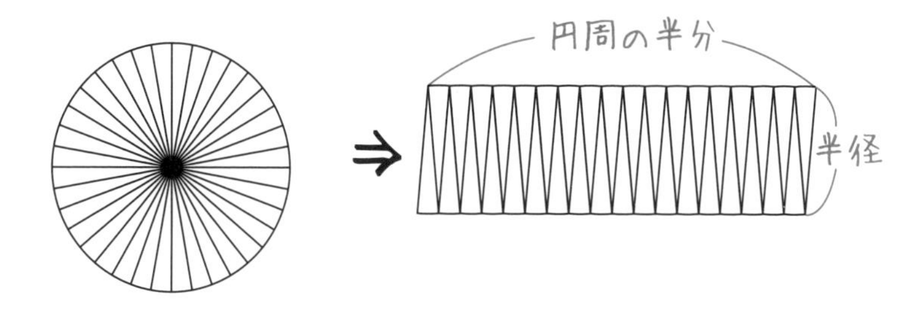

等分する数が多くなるにしたがって、交互にはり合わせた形が少しずつ、長方形に近づいているのはわかるでしょうか。

36 等分した図形に注目しましょう。この長方形（に似た形）のたての長さは、円の半径と同じ長さです。そして、長方形の横の長さは、円周の長さの半分に等しいです。ですから、次の式が成り立ちます。

円の面積 ＝ 半径 × 円周の長さ ÷2

（半径 ↑ 長方形のたて、円周の長さ ÷2 ↑ 長方形の横）

円の面積は、「半径 × 円周の長さ ÷ 2」で求まるということです。

ここで、円周の長さを求める公式を思い出しましょう。円周の長さは「直径 × 円周率」で求まります。「直径 ＝ 半径 ×2」なので、「円周の長さ ＝ 半径 × 2 × 円周率」という公式も成り立ちます。この公式を、「円の面積 ＝ 半径 × 円周の長さ ÷2」の「円周の長さ」の部分に入れると、次のようになります。

円の面積 ＝ 半径 × 円周の長さ ÷2

↓

円の面積 ＝ 半径 × 半径 × 2 × 円周率 ÷2

＝ 半径 × 半径 × 円周率

これにより、「円の面積 ＝ 半径 × 半径 × 円周率」という公式が成り立つことがわかりました。公式をただ丸暗記するだけでなく、なぜ成り立つかもおさえておきましょう。

3.14をかける計算は、どうすればスムーズにできるの？

6年生～

円周の長さや円の面積を求めるときに、3.14 をかける計算が必要になります。3.14 をかける計算はややこしくなることがあり、その計算を苦手にしている生徒もいます。では、どうすれば、3.14 をかける計算をスムーズにできるのでしょうか。次の例をみてください。

（例1）次のおうぎ形の面積を求めましょう。ただし、円周率は3.14とします。

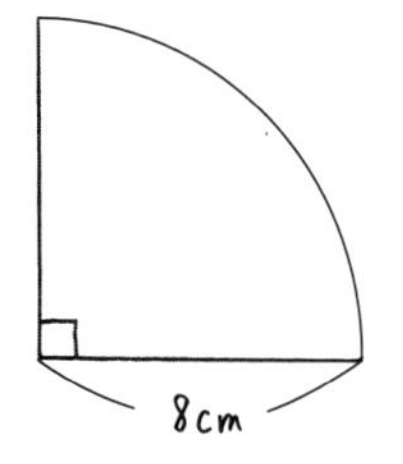

（例 1）のように、円を切り取った形を**おうぎ形**と言います。このおうぎ形は、半径 8cm の円を 4 等分したものです（円を 4 等分した形を**四分円**（しぶんえん）と言います）。だから、おうぎ形の面積は、半径 8cm の円の面積に $\frac{1}{4}$ をかけた、次の式によって求めることができます。

$$\underbrace{8 \times 8 \times 3.14}_{\text{半径8cmの円の面積}} \times \underbrace{\frac{1}{4}}_{\frac{1}{4}\text{をかける}}$$

この式を次のように、左から順に計算してみます。

$$
\begin{aligned}
&8 \times 8 \times 3.14 \times \frac{1}{4} \\
&= 64 \times 3.14 \times \frac{1}{4} \\
&= 200.96 \times \frac{1}{4} \\
&= 200.96 \div 4 \\
&= \underline{50.24\ (\mathrm{cm}^2)}
\end{aligned}
$$

8×8を計算

64×3.14を計算

$\times\frac{1}{4}$を ÷4 にする

この場合、64×3.14＝200.96、200.96÷4＝50.24の計算がややこしいので、計算ミスもしやすくなります。ところで、**かけ算だけの式では「数を並べかえても答えはかわらない」**という性質がありましたね（p.83参照）。この性質を使うと、次のように楽に計算することができます。

$$
\begin{aligned}
&8 \times 8 \times 3.14 \times \frac{1}{4} \\
&= 8 \times 8 \times \frac{1}{4} \times 3.14 \\
&= 16 \times 3.14 \\
&= \underline{50.24\ (\mathrm{cm}^2)}
\end{aligned}
$$

かけ算だけの式では
数を並べかえてもよい

$8\times8\times\frac{1}{4}$を先に計算

3.14をかける計算を最後にする

このように、**「3.14以外の計算を先にして、3.14をかける計算を最後にする」**ことによって、楽に計算できます。「3.14をかける計算は最後」というのを合言葉にしましょう。では、次の例題をみてください。

（例2） **次の図形は、四分円と半円を組み合わせた形です。この図形全体の面積を求めましょう。ただし、円周率は3.14とします。四分円とは、円を4等分した形です。また、半円とは半分の円という意味です。**

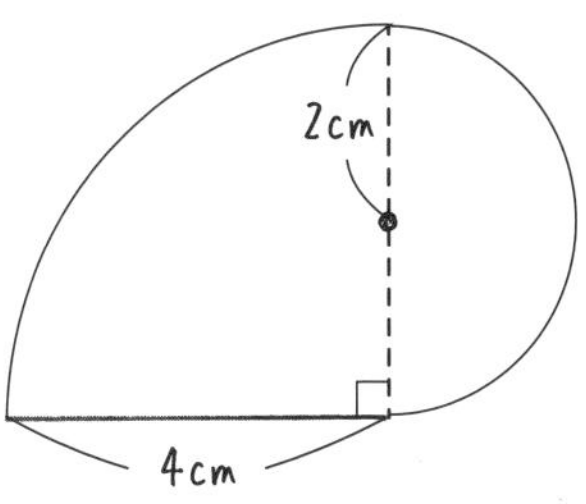

（例2）は、半径4cmの四分円の面積と、半径2cmの半円の面積をたせば求められます。次の式によって求められるということです。

$$\underbrace{4 \times 4 \times 3.14 \times \frac{1}{4}}_{\text{半径4cmの四分円の面積}} + \underbrace{2 \times 2 \times 3.14 \times \frac{1}{2}}_{\text{半径2cmの半円の面積}}$$

この式を次のように、左から順に計算してみます。

$$4 \times 4 \times 3.14 \times \frac{1}{4} + 2 \times 2 \times 3.14 \times \frac{1}{2}$$

数を並べかえる

$$= 4 \times 4 \times \frac{1}{4} \times 3.14 + 2 \times 2 \times \frac{1}{2} \times 3.14$$

$$= 4 \times 3.14 + 2 \times 3.14$$

$$= 12.56 + 6.28$$

$$= \underline{18.84\ (cm^2)}$$

この場合、

$$4 \times 3.14 = 12.56、2 \times 3.14 = 6.28、12.56 + 6.28 = 18.84$$

の計算が必要になり、ややこしいので、計算ミスもしやすくなります。このような計算では、「**分配法則の逆**」を使うと、楽に計算できます。

分配法則とは、第2章（p.50）で紹介した通り、次のような法則でした。

（○＋△）×□ ＝ ○×□＋△×□

次のように、この式の ＝ の左右を逆にしたものが、「分配法則の逆」です。

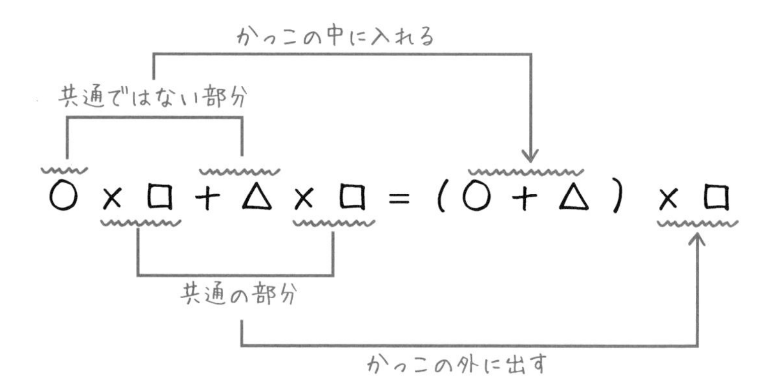

上のように、「分配法則の逆」では、**共通の部分をかっこの外に出して**、**共通ではない部分をかっこの中に入れます**。この、「分配法則の逆」を使って、先ほどの計算を解くと、次のようになります。

$$4 \times 4 \times 3.14 \times \frac{1}{4} + 2 \times 2 \times 3.14 \times \frac{1}{2}$$

共通の部分をかっこの外に出す

$$= \left(4 \times 4 \times \frac{1}{4} + 2 \times 2 \times \frac{1}{2}\right) \times 3.14$$

$$= (4 + 2) \times 3.14$$

$$= 6 \times 3.14$$

$$= 18.84\ (\text{cm}^2)$$

このように、**3.14をかける計算が複数あるときに、「分配法則の逆」を使うと楽に解くことができます。**小学校ではあまり詳しく教えない方法ですが、使えるようになると、とても便利です。

以上、3.14をかける計算をスムーズに解く方法についてみてきました。「**3.14をかける計算を最後にする**」ことと、「**分配法則の逆**」を利用すれば、3.14をかける計算をすばやく正確に解くことができるようになります。

拡大図(かくだいず)と縮図(しゅくず)って何？

6年生〜

小学6年の教科書に「拡大図(かくだいず)と縮図(しゅくず)」を扱った単元が出てきます。この単元で習う内容は、中学校で習う「相似(そうじ)」につながっていきます。

では、拡大図と縮図とは何でしょうか。解説していきます。

次の四角形ABCDのすべての辺の長さを2倍にすると、四角形EFGHができます。

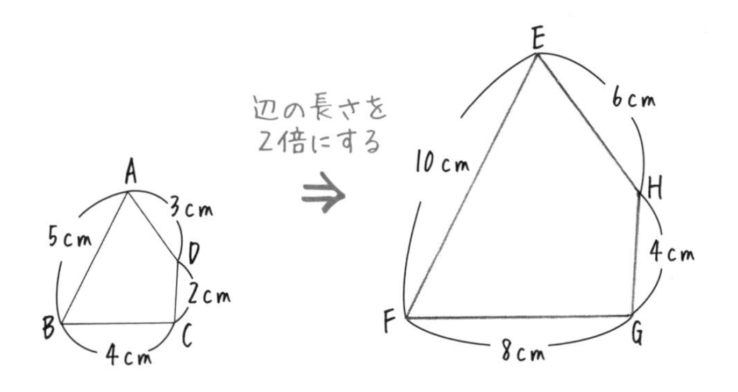

このとき、四角形EFGHを、四角形ABCDの「**2倍の拡大図**」と言います（辺の長さを3倍にした拡大図なら、3倍の拡大図となります）。**拡大図**とは、**ある図形を、同じ形のまま大きくした図**のことです。

一方、四角形ABCDを、四角形EFGHの「**$\frac{1}{2}$の縮図**」と言います。**縮図**とは、**ある図形を、同じ形のまま小さくした図**のことです。

まとめると、「四角形EFGHは四角形ABCDの2倍の拡大図」であり、「四角形ABCDは四角形EFGHの$\frac{1}{2}$の縮図」だということです。

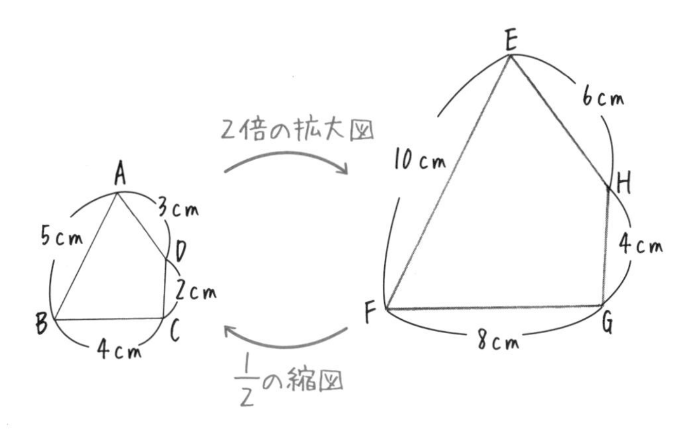

例えば、四角形 ABCD の角 C は、四角形 EFGH の角 G にあたります。このとき、「角 C に対応（たいおう）する角は角 G」と言います。**拡大図と縮図では、「対応する角の大きさはすべて等しい」**という性質があります。

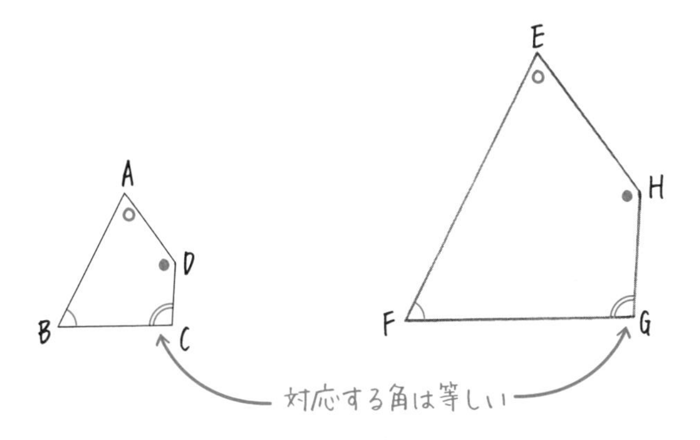

ところで、私たちの日常生活でも、この拡大図と縮図が利用されています。

その代表的な例のひとつが「**コピー（機）**」です。

私たちがコピーをするとき、倍率を指定します。例えば、倍率を「150％」にするなら、それは「1.5 倍の拡大図」をつくることを意味します。また、倍率を「50％」にするなら、それは、「$\frac{1}{2}$の縮図」をつくることを意味します。

拡大図と縮図についてお子さんに教えるとき、コピー機を使うのも、ひとつの方法です。つまり、前もって紙に図形を描いておき、その図形の拡大図と縮図をコピー機で印刷してみるのです。

それによって、拡大図（縮図）では、「**すべての辺の長さが同じ割合で長く（短く）なる**」「**対応する角の大きさはすべて等しい**」という性質を確かめることができます。

また、私たちが日常で使う「**地図**」は、縮図を利用したものです。

なぜなら地図とは、実際の土地を同じ形のまま小さくした図だからです。

ところで、地図の端のほうに、「1：25000」や「$\frac{1}{25000}$」のように表記されているのを見たことはありますか？

これは、その地図が、実際の土地の$\frac{1}{25000}$の縮図であることを表します。この「1：25000」や「$\frac{1}{25000}$」のことを、**縮尺**（しゅくしゃく）（実際の長さを縮めた割合）と言います。

例えば、縮尺が「1：25000」の地図上で10cmの長さは、実際の土地では何kmになるでしょうか。

それは、次の計算によって求められます。

$$10 \times 25000 = 250000\ (\mathrm{cm}) \rightarrow 2500\ (\mathrm{m}) \rightarrow 2.5\ (\mathrm{km})$$

これにより、実際の土地では、2.5kmであることがわかります。

このように、私たちが何気なく使っているコピー機や地図にも、算数は使われています。日常生活と算数の関わりの代表的な例と言えるでしょう。

線対称と点対称って何？

6年生～

線対称と点対称。漢字を見ただけでは、その意味がわかりそうにありません。「左右対称」のように使われることはありますが、「対称」という言葉自体、日常生活ではひんぱんには使われていません。

「対称」という言葉には、「つり合う」という意味があります。では、図形において「つり合う」とはどういうことなのでしょうか。線対称と点対称のそれぞれの意味についてみていきます。

まず、線対称からみていきましょう。例えば、次の図形は、**直線 AB を折り目にして折り曲げる**と、**両側の部分がぴったり重なります**。このような図形を、**線対称**な形と言います。そして、折り目の直線 AB のことを、**対称の軸**と言います。

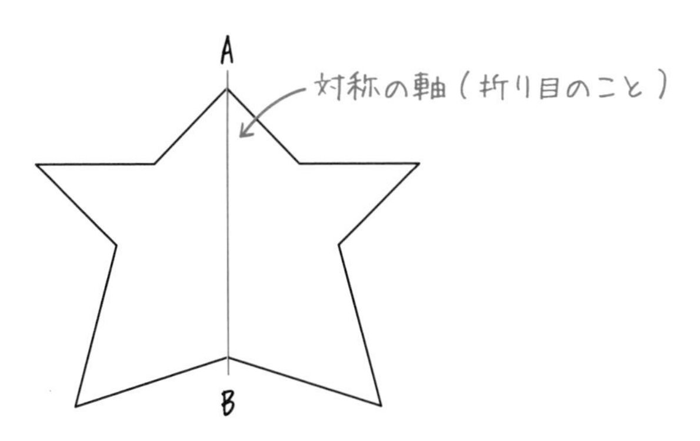

次に、点対称についてみていきましょう。例えば、次の図形は、**点 O を中心にして 180 度回転させる**と、**もとの形にぴったり重なります**。このような図形を、**点対称**な形と言います。そして、点 O のことを、**対称の中心**と言います。

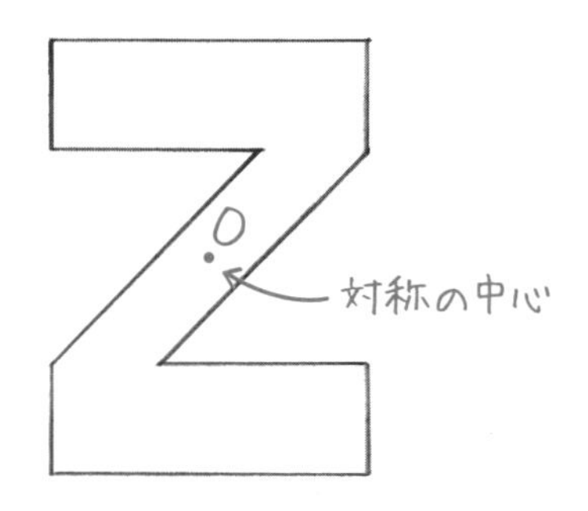

線対称と点対称に共通しているのは、どちらも**「ぴったり重なる」**ということです。

ところで、線対称と点対称では、「**対応**（たいおう）」という言葉を理解することが大切です。ここでの「対応」の意味は、**「ぴったり重なる」**ということです。

それをふまえて、次の例題を解いてみましょう。

（例1）次の図形は、線対称な図形であり、直線アイは対称の軸を表しています。このとき、あとの問いに答えましょう。

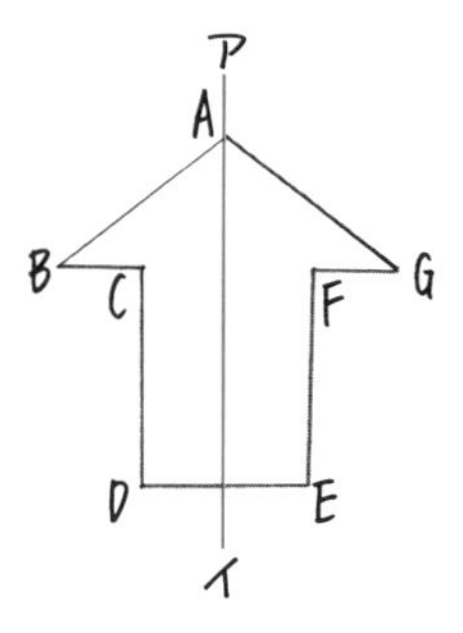

（1）点Dと対応する点はどれですか。

（2）辺CDと対応する辺はどれですか。

（3）角Gと対応する角はどれですか。

(1) から解いていきましょう。先ほど述べた通り、**「対応」とは「ぴったり重なる」という意味**です。

ですから、「点Dと対応する点」とは、「直線アイを折り目（対称の軸）にしたとき、点Dとぴったり重なる点」ということです。それをもとに考えると、(1) の答えは、点Eです。

(2) にいきます。「辺CDと対応する辺」とは、「直線アイを折り目（対称の軸）にしたとき、辺CDとぴったり重なる辺」ということです。それをもとに考えると、(2) の答えは、辺FEです。このとき、FとEを逆にして「辺EF」と答えないようにしましょう。点Cと重なるのが点F、点Dと重なるのが点Eなので、対応する順に「辺FE」と答えるのが正解です。

(3) にいきます。「角Gと対応する角」とは、「直線アイを折り目（対称の軸）にしたとき、角Gとぴったり重なる角」ということです。それをもとに考えると、(3) の答えは、角Bです。

次に、点対称について、次の例題を解いてみましょう。

（例2） 次の平行四辺形は、Oを対称の中心とする点対称な図形です。このとき、あとの問いに答えましょう。

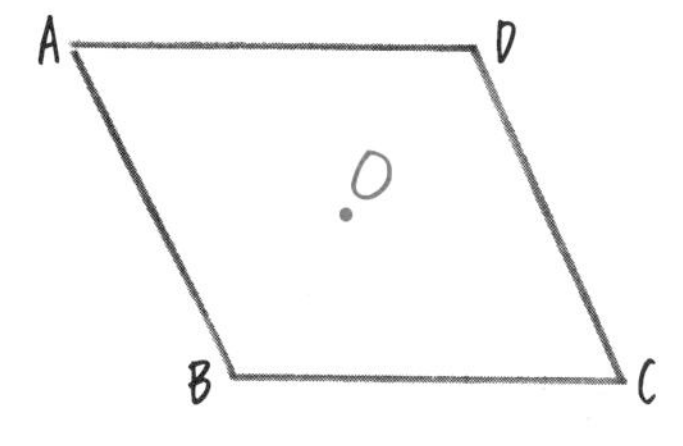

（1） 点Bと対応する点はどれですか。

（2） 辺ADと対応する辺はどれですか。

（3） 角Cと対応する角はどれですか。

（1）から解いていきましょう。点対称においても、**「対応」とは「ぴったり重なる」という意味**です。

ですから、「点Bと対応する点」とは、「点Oを中心にして180度回転させたとき、点Bとぴったり重なる点」ということです。それをもとに考えると、（1）の答えは、点Dです。

（2）にいきます。「辺ADと対応する辺」とは、「点Oを中心にして180度回転させたとき、辺ADとぴったり重なる辺」ということです。それをもとに考えると、（2）の答えは、辺CBです。このとき、CとBを逆にして「辺BC」と答えないようにしましょう。点Aと重なるのが点C、点Dと重なるのが点Bなので、対応する順に「辺CB」と答えるのが正解です。

（3）にいきます。「角Cと対応する角」とは、「点Oを中心にして180度回転させたとき、角Cとぴったり重なる角」ということです。それをもとに考えると、（3）の答えは、角Aです。

この単元では、線対称、点対称、対応というそれぞれの用語の意味を確実におさえるようにしましょう。

第7章

立体図形の「?」を解決する

直方体の体積はなぜ「たて×横×高さ」で求まるの?
容積と体積の違いって何?
立方体の展開図は何種類あるの?
角柱と円柱の体積は、どうやって求めるの?
回転体の体積ってどうやって求めるの?

直方体の体積はなぜ「たて×横×高さ」で求まるの？

5年生〜

正方形だけで囲まれた立体（サイコロのような形）を**立方体**と言います。また、**長方形だけ、もしくは長方形と正方形で囲まれた立体**（ティッシュペーパーの箱のような形）を**直方体**と言います。

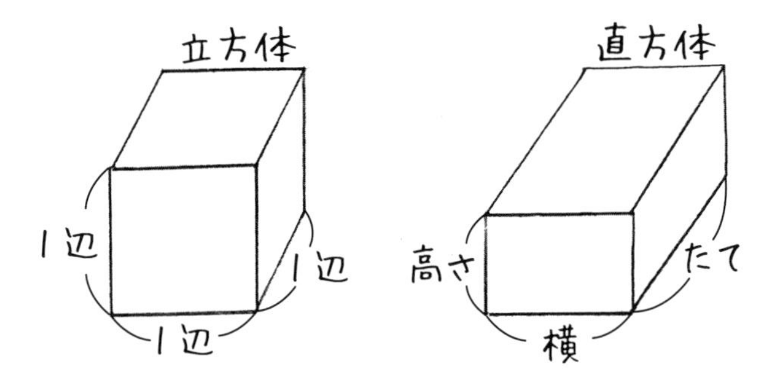

立体の大きさを**体積**と言います。

算数によく出てくる体積の単位は、**cm³**（読み方は**立方センチメートル**）です。1辺が1cmの立方体の体積が**1cm³**です。

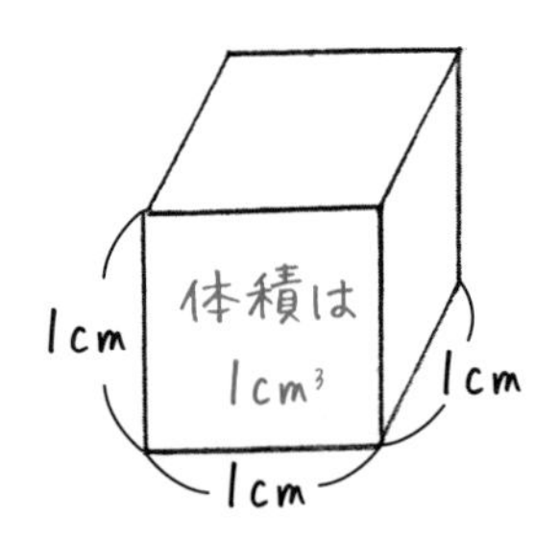

直方体の体積は、「たて × 横 × 高さ」で求められます。

一方、立方体の体積は「1辺 × 1辺 × 1辺」で求められます。それぞれの公式が成り立つ理由について、みていきましょう。

(1)「直方体の体積 = たて × 横 × 高さ」が成り立つ理由

(例1) 次の直方体の体積は何 cm^3 ですか。

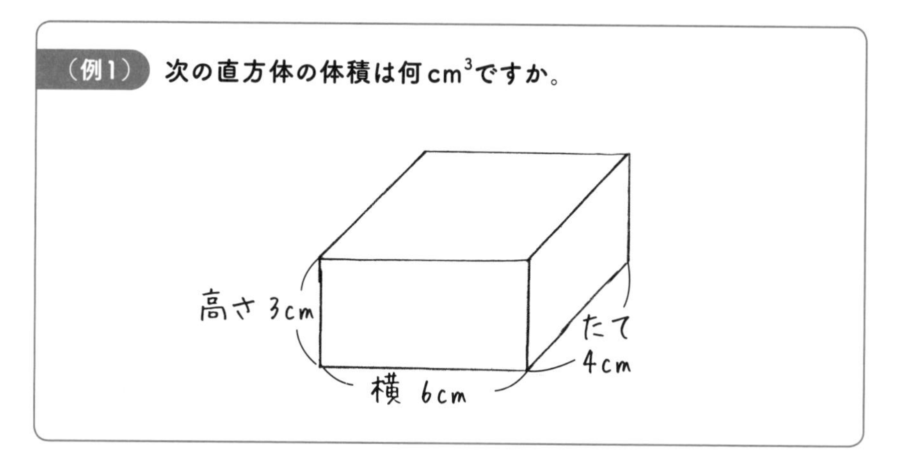

この直方体の体積は、「たて × 横 × 高さ = 4 × 6 × 3 = 72(cm^3)」と求まります。では、どうして、直方体の体積は「たて × 横 × 高さ」で求まるのでしょうか。その理由について探っていきましょう。

まず、(例1) の直方体を、1辺が 1cm の立方体に分割すると、次のようになります。

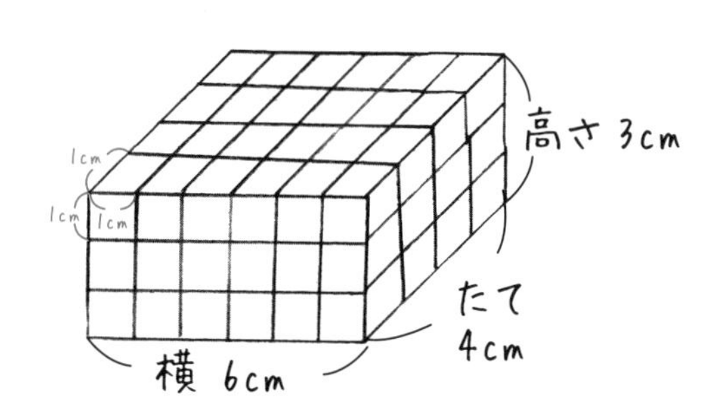

「1 辺が 1cm の立方体の体積が 1cm³」であることはすでに述べました。ですから、「(例 1) の直方体の中に、1 辺が 1cm の立方体（体積は 1cm³）がいくつあるか」求めれば、直方体の体積が求められます。まず、次のように、下から 1 段目だけに注目します。

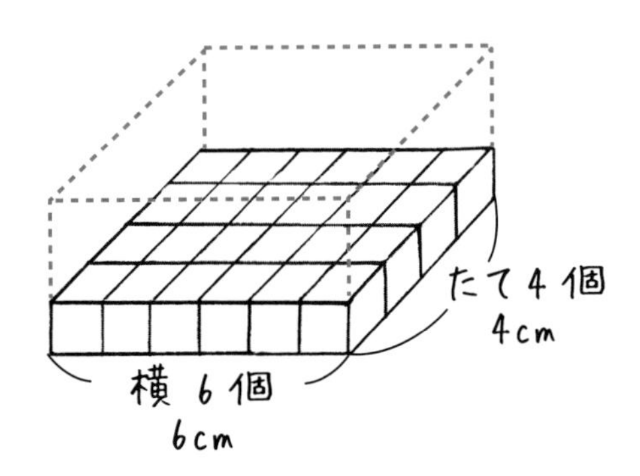

下から 1 段目には、1 辺が 1cm の立方体が何個集まっているか求めましょう。直方体のたてには 4 個、横には 6 個の立方体が並んでいます。ですから、下から 1 段目には、全部で $4 \times 6 = 24$（個）の立方体が並んでいることがわかります。)

そして、直方体の高さには、3 つの立方体が並んでいます。1 段に 24 個の立方体があり、それが 3 段あるということです。ですから、立方体は全部で、$24 \times 3 = 72$（個）あるとわかります。

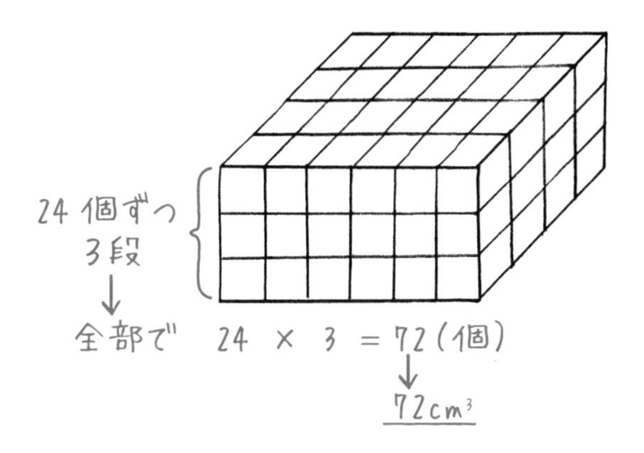

「**1辺が1cmの立方体の体積が1cm³**」で、それが72個集まっているのですから、(例1)の直方体の体積は72cm³と求まります。直方体のたて、横、高さに並んでいる立方体の数(**4個、6個、3個**)と、それぞれの長さの数(**4cm、6cm、3cm**)は同じです。だから、直方体の体積は「たて × 横 × 高さ」で求まるのです。

(2)「立方体の体積 = 1辺 × 1辺 × 1辺」が成り立つ理由

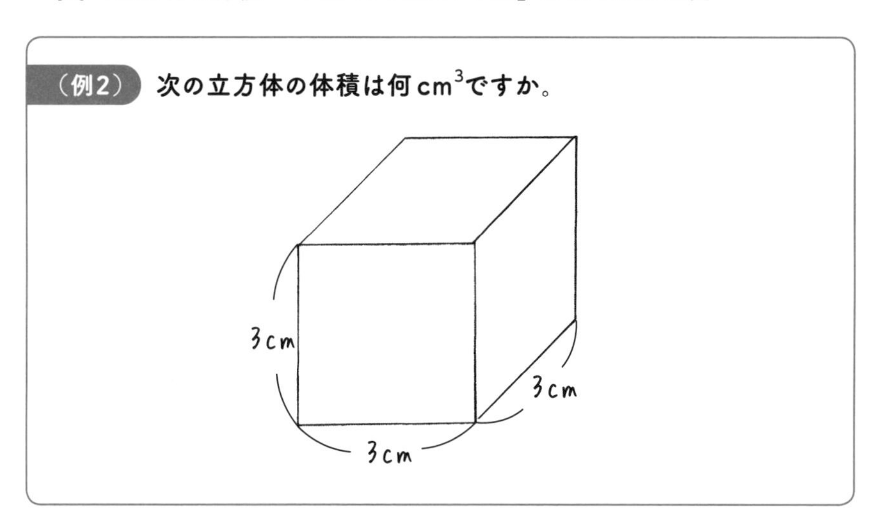

この立方体の体積は、

「1辺 × 1辺 × 1辺 = 3 × 3 × 3=27（cm^3）」

と求まります。立方体の体積が「1辺 ×1辺 × 1辺」で求まる理由は、直方体と同様に説明できます。この立方体を、1辺が1cmの立方体に分割すると、次のようになります。

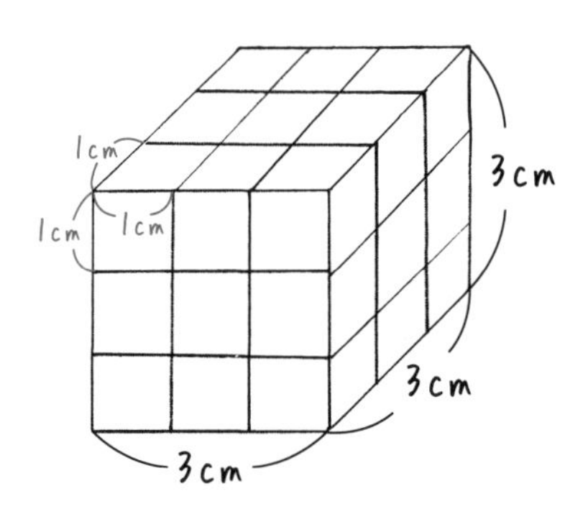

1辺が1cmの立方体は、全部で3×3×3＝27個あることがわかります。ですから、（例2）の立方体の体積は$27cm^3$だと求まります。つまり、立方体の体積は「1辺 ×1辺 × 1辺」で求めることができます。

容積と体積の違いって何？

5年生～

「容積と体積の違いって何？」と聞かれたら、どう答えればよいのでしょうか。

容積とは、**入れ物の中にいっぱいに入る水の体積**のことです。一方、体積とは、**立体の大きさ**のことです。しかし、そのままこの言葉の意味を伝えても、その違いを子供はなかなか理解しづらいでしょう。では、どのように教えればいいのでしょうか。容積と体積の違いをきちんとつかむために、次の（例題）をみてください。

（例）次の入れ物について、後の問いに答えましょう。

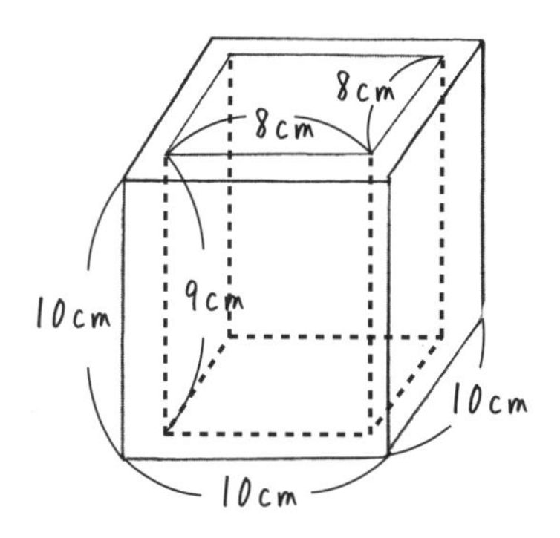

（1）この入れ物の容積は何cm^3ですか。

（2）この入れ物の体積は何cm^3ですか。

まず、(1) の容積から求めましょう。**容積とは、入れ物の中にいっ**

ぱいに入る水の体積のことです。この入れ物の内側は、たて8cm、横8cm、高さ9cmの直方体の形をしているので、この**直方体の体積が、容積となります。**だから、容積は $8 \times 8 \times 9 = \underline{576}$ (cm³) と求められます。

次に、(2) の体積を求めましょう。**体積とは、立体の大きさ**のことです。つまり、**この入れ物自体の大きさを求めればよい**ということです。

この入れ物の外側は、1辺が10cmの立方体の形をしています。だから、**この入れ物の体積は、1辺が10cmの立方体の体積から、容積を引けば求まります。**だから、$10 \times 10 \times 10 - 576 = \underline{424}$ (cm³) と求められます。

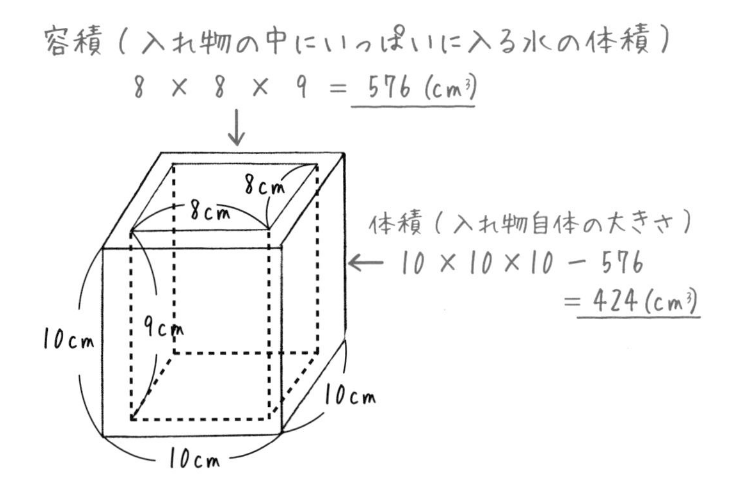

このように、**厚みのある容器の問題によって考えると、容積と体積の違いがわかります。**「容積と体積の違いって何？」と聞かれたら、この例題をもとに説明するとよいでしょう。

立方体の展開図（てんかいず）は何種類あるの？

4年生〜

展開図（てんかいず）とは、**立体を切り開いて、平面の上に広げた図**のことです。例えば、次の展開図を組み立てると、立方体ができあがります。

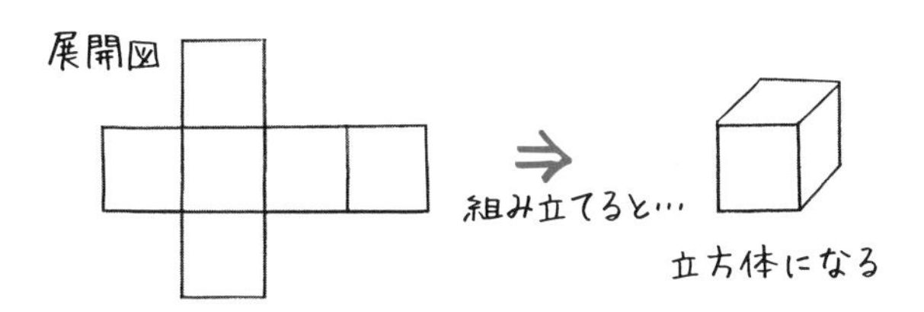

立方体の展開図について、次の問題をみてください。

（例1） 立方体の展開図を思いつく限り描いてください。ただし、回転したり、裏返したりして重なるものは1種類とします。

頭の体操にもなりますので、実際に紙などに思いつく限り描いてみてください。お子さんがいる方なら、どちらが多く描けるかゲーム感覚で楽しむこともできます。

結果から言いますと、立方体の展開図には次の**全11種類**があり、4パターンに分類することができます。

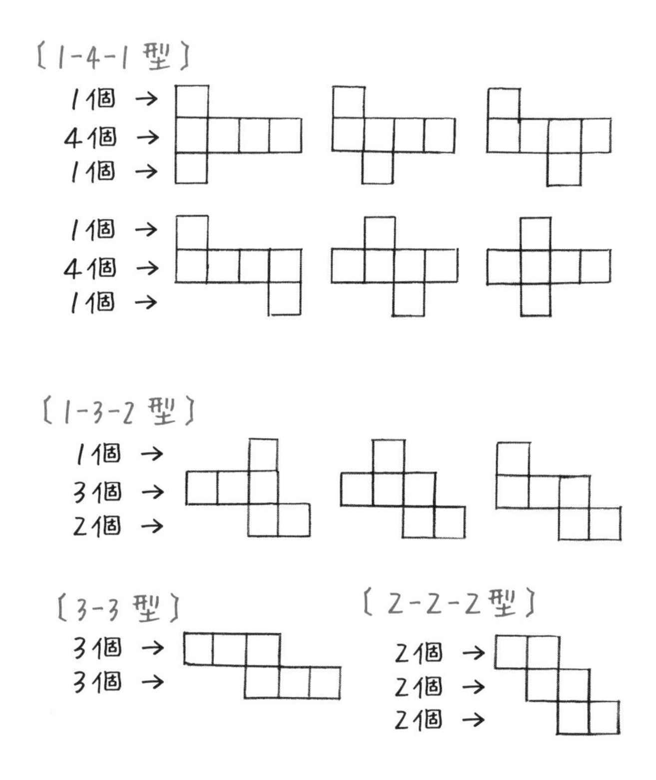

上の全11種類が、（例1）の答えです。そして、**立方体の展開図は、〔1-4-1型〕〔1-3-2型〕〔3-3型〕〔2-2-2型〕の4パターンに分けられる**のです。

この4パターンについて、朝倉算数道場を主宰されている朝倉仁先生は、「石井君の秘密耳にふふふ」という語呂合わせで覚えることをご著書で紹介しておられます。具体的には、次のような語呂合わせです。

「いしい（141）くんのひみつ（132）みみ（33）にふふふ（222）」

（朝倉仁著『秘伝　算数ができる子になる』小学館）

立方体の 11 種類の展開図が、この 4 パターンに分けられることを知っていると、次のような問題をすぐに解くことができます。

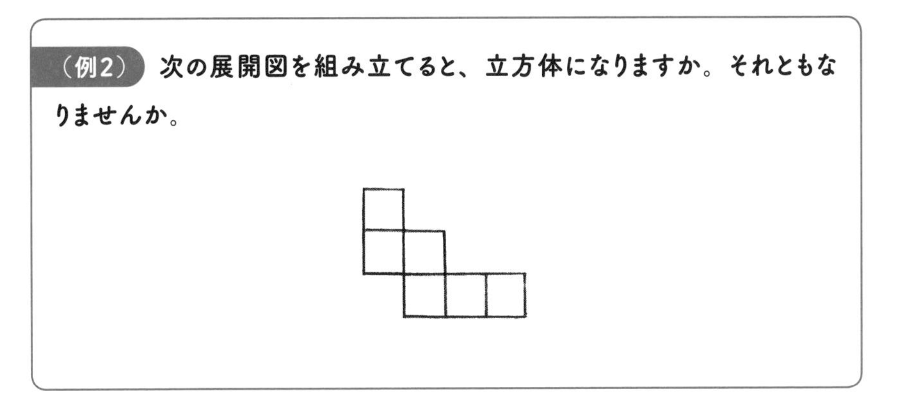

（例2） 次の展開図を組み立てると、立方体になりますか。それともなりませんか。

この展開図は、次のように、〔1 - 2 - 3 型〕となります。

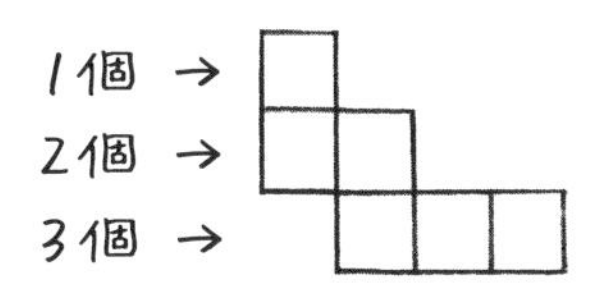

しかし、先ほどの 4 パターンに、〔1 - 2 - 3 型〕（または〔3 - 2 - 1 型〕）はありませんでした。ですから、（例 2）の展開図を組み立てても**立方体にならない**ことがわかります。実際に頭の中で組み立てて、立方体になるかどうか確かめる方法もありますが、このようにパターンで考える方がすばやく正確に判別できます。

角柱と円柱の体積は、どうやって求めるの？

6年生〜

次の左のような立体を**角柱**と言い、右のような立体を**円柱**と言います。

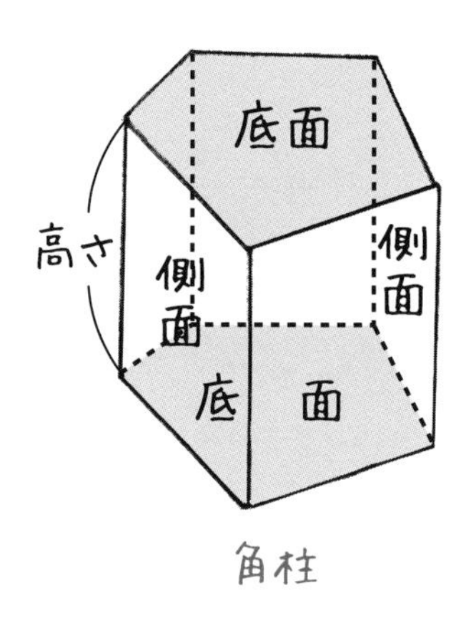

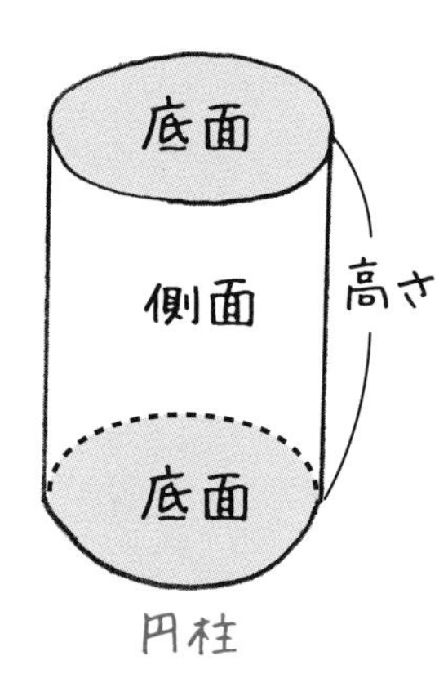

角柱と円柱で、上下に向かい合った2つの面を、**底面**と言います。そして、1つの底面の面積を、**底面積**と言います。また、角柱で、まわりの長方形（または正方形）のことを、**側面**と言います。円柱では、まわりの曲面が側面です。

角柱の**底面が三角形**なら、その角柱を**三角柱**と言います。角柱の**底面が四角形**なら、その角柱を**四角柱**と言います。角柱の**底面が五角形**なら、その角柱を**五角柱**と言います。このように、角柱は底面の形によって、呼び方がかわります。

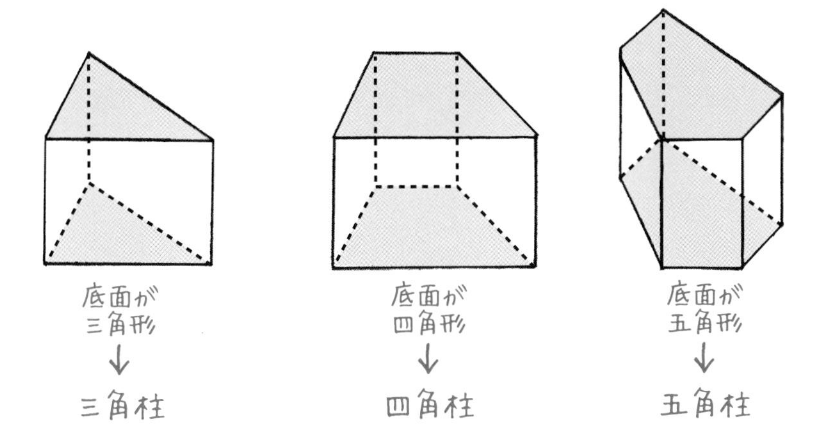

ところで、角柱や円柱の体積は、どのように求めるのでしょうか。次の例題をみてください。

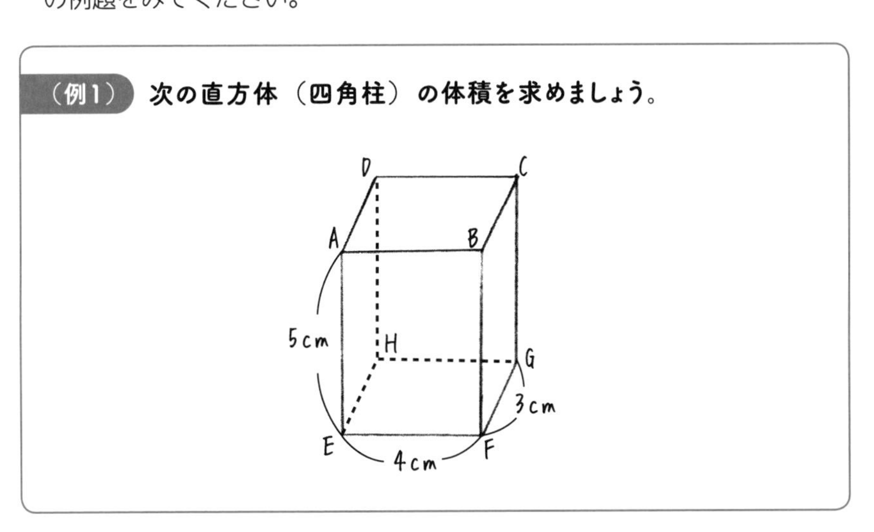

（例 1）は、直方体の体積を求める問題です。ところで、**直方体は、四角柱の一種**です。だから、（例 1）は、四角柱の体積を求める問題だということもできます。

直方体の体積は、「たて × 横 × 高さ」で求まることはすでに述べました。ですから、（例 1）の直方体（四角柱）の体積は、

$3 \times 4 \times 5 = \underline{60}$ (cm³)

と求めることができます。

ところで、この直方体（四角柱）で、次のように高さ1cmの部分に注目してみましょう。

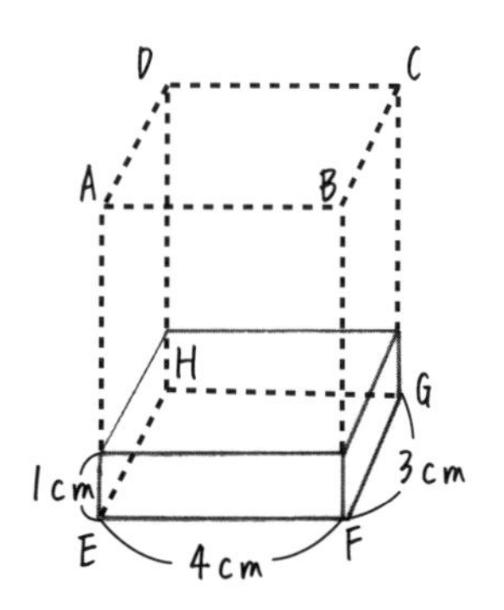

この部分の体積は、「たて × 横 × 高さ」より、$3 \times 4 \times 1 = 12$ (cm^3) です。そして、それが5つ積み重なっているので、（例1）の答えは、$12 \times 5 = \underline{60 \ (cm^3)}$ と求められます。

ところで、面EFGHを底面とするとき、底面積（底面の面積）は、$3 \times 4 = 12$ (cm^2) です。

つまり、**高さ1cmの四角柱の体積（$12cm^3$）と、底面積（$12cm^2$）が、どちらも同じ数（12）になる**ということです。

そして、**あらゆる角柱と円柱で、高さ1cmの部分の体積と、底面積が、同じ数になります。**

ですから、**角柱と円柱の体積は「底面積 × 高さ」という式によって求まる**ということです。（例1）の四角柱なら、底面積（面EFGHの面積）が $(3 \times 4 =)$ $12 \ cm^2$ なので、それに高さをかけて、

$12 \times 5 = \underline{60 \ (cm^3)}$

と求められます。

では、実際に、角柱や円柱の体積を求める練習をしてみましょう。

（例2） **次の立体の体積をそれぞれ求めましょう。ただし、円周率は3.14とします。**

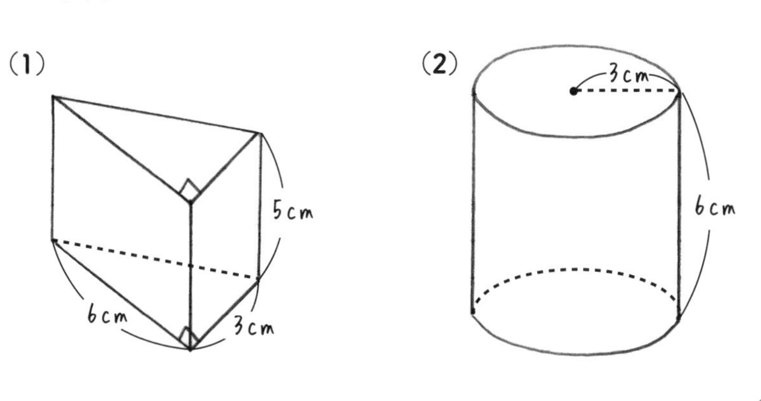

（1）の立体は三角柱です。底面は三角形で、三角形の面積は「底辺×高さ÷2」で求められます。だから、底面積は、$6\times3\div2=9$（cm^2）です。

角柱の体積は、「**底面積 × 高さ**」で求められます。だから、（1）の三角柱の体積は、$9\times5=$ 45（cm^3）です。

（2）の立体は円柱です。底面は円で、円の面積は「半径×半径×円周率（3.14）」で求められます。だから、底面積は、

$3\times3\times3.14=28.26$（cm^2）です。

円柱の体積は、「**底面積 × 高さ**」で求められます。だから、（2）の円柱の体積は、$28.26\times6=$ 169.56（cm^3）です。

わかりやすいように順をおって解説しました。

一方、p.83 で出てきた「**かけ算だけの式では、数を並べかえても答えはかわらない**」という性質を使うと、$3\times3\times3.14\times6$ を次のように、さらに楽に計算することができます。

$$
\underbrace{3 \times 3 \times 3.14}_{\text{底面積}} \times \underbrace{6}_{\text{高さ}}
$$

かけ算だけの式は数を並べかえてもよい

$$
= 3 \times 3 \times 6 \times 3.14
$$

3×3×6を先に計算

$$
= 54 \times 3.14
$$

3.14をかける計算を最後にする

$$
= \underline{169.56\ (\mathrm{cm}^3)}
$$

回転体(かいてんたい)の体積って どうやって求めるの？

6年生～

まずは、次の例題をみてください。

（例1） **次の図の長方形ABCDを、直線ℓを軸(じく)として1回転させます。このときできる立体の体積を求めましょう。ただし、円周率は3.14とします。**

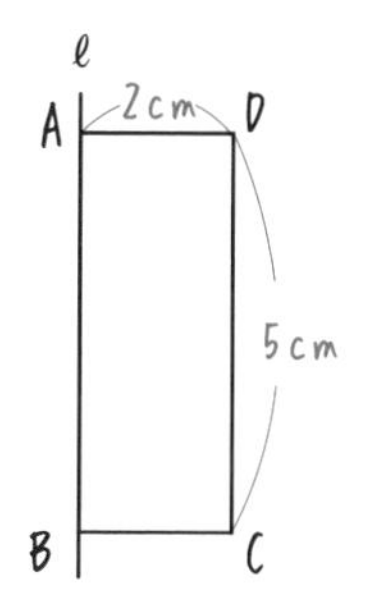

長方形 ABCD を、直線ℓを軸として1回転させると、次のような円柱ができます。

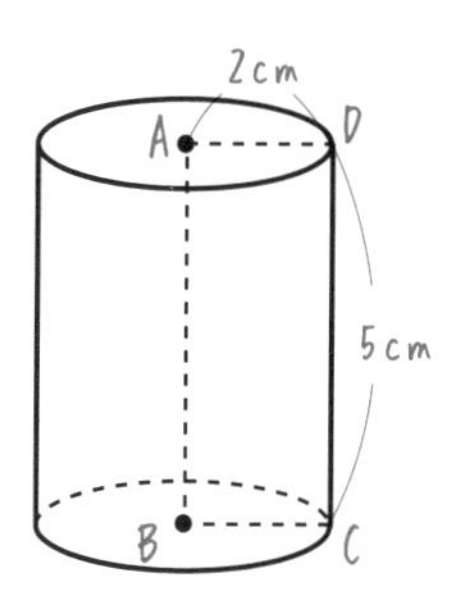

円柱ができることをイメージしにくい生徒には、実際の棒などに、旗のように長方形の紙をつけて、回してみるとよいでしょう。

円柱のように、**平面図形を、ある直線を軸として1回転させてできる立体**を、**回転体**（かいてんたい）と言います。

（例1）の解説に戻りましょう。長方形 ABCD を、直線 ℓ を軸として1回転させると、底面（円）の半径が 2 cm、高さが 5 cm の円柱ができました。この円柱の体積は、次のように求められます。

$$\underbrace{2\times2\times3.14}_{\text{底面積}}\times\underbrace{5}_{\text{高さ}}$$

かけ算だけの式は数を並べかえてもよい

$$=2\times2\times5\times3.14$$

2×2×5を先に計算

$$=20\times3.14$$

$$=\underline{62.8\ (\text{cm}^3)}$$

回転体の問題に慣れるために、もう1問解いてみましょう。

（例2）　次の図の長方形ABCDを、直線 ℓ を軸として1回転させます。このときできる立体の体積を求めましょう。ただし、円周率は3.14とします。

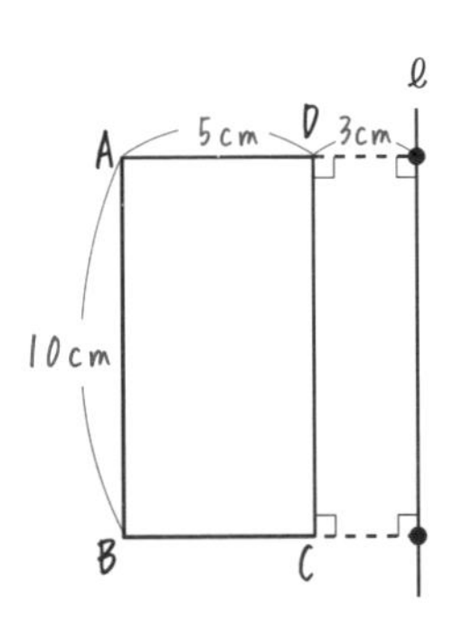

長方形ABCDを、直線ℓを軸として1回転させると、次のような立体ができます。

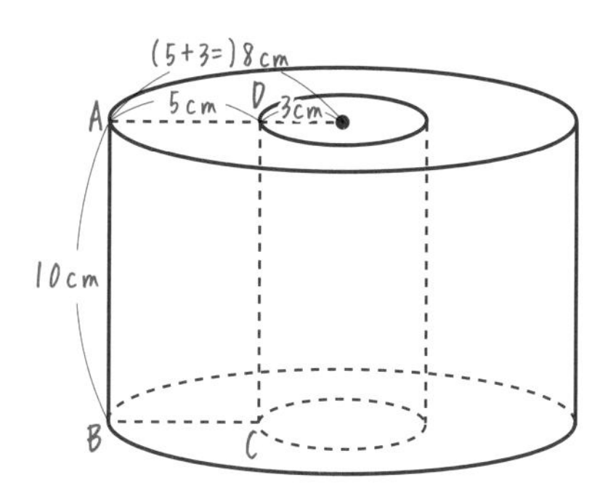

ドーナツや、タイヤのように、真ん中に空洞（くうどう）がある立体ですね。正確に言うと、**大きい円柱から、小さい円柱をくりぬいた立体**です。つまり、**大きい円柱（底面の半径5＋3＝8cm、高さ10cm）の体積**から、**小さい円柱（底面の半径3cm、高さ10cm）の体積**を引けば、この立体の体積が、次のように求められます（p.200で解説した「分配法則の逆」を使って計算します）。

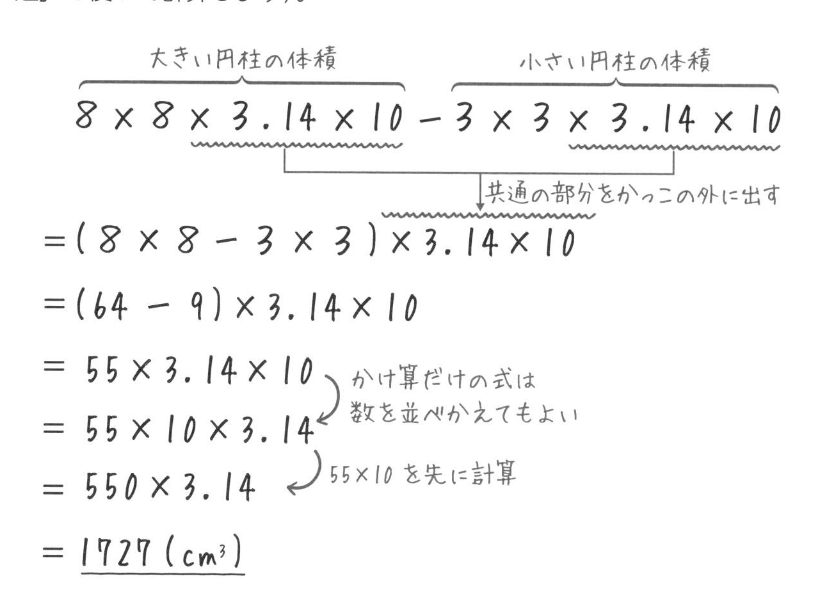

回転体という用語を初めて聞いた方もいるかもしれませんが、スムーズに解けたでしょうか。回転体の体積を求める問題は、「平面を、直線を軸に1回転させると、立体ができる」ことを頭の中でイメージするトレーニングとしても有効です。

ところで、算数では、立体をイメージする力を「空間認識能力」と言うことがあります。

空間認識能力は、主に、次の2つに分けられます。

- 平面から立体をイメージする力
- 立体から平面をイメージする力

この項目でとりあげた回転体の問題は、「平面から立体をイメージする力」を伸ばす練習のひとつです。一方、「立体から平面をイメージする力」の練習としては、p.217の（例1）のように、「立方体の展開図を考える」問題などが考えられます。

算数や数学で、立体図形を得意にしていくためには、空間認識能力を伸ばしていくことが欠かせません。日頃の算数学習に取り入れて、立体図形を得意にしていきましょう。

単位量あたりの大きさの「？」を解決する

平均って何？
どっちでどっちを割ればいいの？
いろいろな単位の関係はどうやって覚えたらいいの？
単位の換算はどうすれば得意になれるの？
速さの単位換算はどうすれば得意になれるの？
速さの3公式ってどうして成り立つの？
さんすうコラム　中学入試レベルの単位換算の問題に挑戦！

平均って何？

5年生～

平均とは、**いくつかの数や量を等しい大きさになるように均(なら)したもの**です。この「均す」という言葉は日常生活であまり使われないので、馴染みのない小学生が多いようです。砂場遊びや花だんづくりなどで、「土を均す」という言葉を使ったことのある生徒はいるでしょうが、小学生に広く知られている言葉と言えないのが現状でしょう。

「均す」というのは、「平(たい)らにする」という意味です。ここで、次の親子の会話をみてください。

子　　供：平均ってなに？
お母さん：いくつかの数や量を平らにすることよ。
子　　供：数を平らにするってどういうこと？
お母さん：えっと、それはね…、うーん、どう伝えればいいのかしら。

お母さんは「平均とは、いくつかの数や量を平らにすること」と伝えました。しかし、さらにその意味を聞き返されて、答えにつまってしまいました。では、子供に平均の意味を理解してもらうには、どのように説明すればよいのでしょうか。

同じ形のいくつかの立方体（または直方体）の積み木を使って説明すると、平均の意味が子供にもわかりやすくなります。次の例題をみてください。

（例1） **次の図のように、4か所に積み木が積み上がっています。1か所の積み木の個数の平均はいくつですか。**

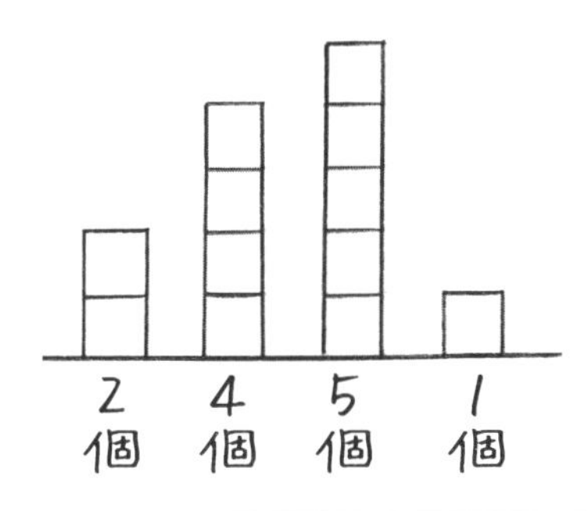

この例題をお子さんに説明するときは、実際に積み木を使いながら解説するとよいでしょう。**平均は、「デコボコなものを平らにする」イメージでとらえるとわかりやすい**です。（例1）で、積み木の高さは、ばらばらで、デコボコです。このデコボコな高さについて、「**高さをいくつにそろえれば平らになるか**」を考えましょう。「**平らになったときの個数**」**が平均**となります。

平らになったときの個数を求めるために、まずは積み木が合計でいくつあるか求めましょう。積み木は合計で、2＋4＋5＋1＝12（個）あります。全部で12個ある積み木を、4か所に積むのですから、12÷4＝3（個）ずつ積めば、次の図のように、高さを平らにすることができます。つまり、平均は3個ということです。

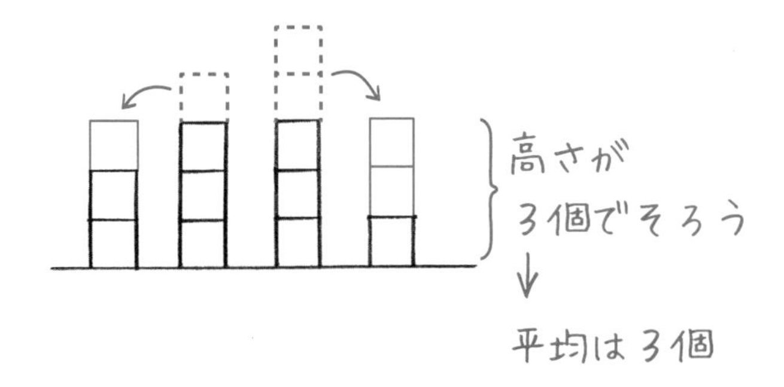

まとめると、「**平均（3個）＝積み木の合計（12個）÷置く場所の個数（4か所）**」ということになります。ここから「**平均＝合計÷個数**」という式が成り立つことがわかります。このように、積み木を使って説明すると、平均の意味を理解しやすくなります。

小学校で習う平均では、**平均、個数、合計の関係をおさえることが大切なポイント**です。「**平均＝合計÷個数**」という式の他に、「**個数＝合計÷平均**」「**合計＝平均×個数**」という式も成り立ちます。これら3つの公式を混同してしまう生徒もいますが、次の面積図によって、3つの公式をおさえることができます。

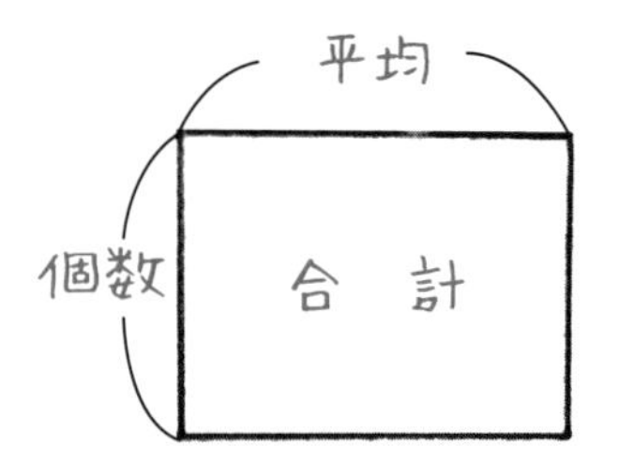

長方形では、「横の長さ＝長方形の面積÷たての長さ」という公式が成り立ちます。上の図で言うと、「平均＝合計÷個数」ということです。「個数＝合計÷平均」「合計＝平均×個数」の式も同

じように、この面積図から導くことができます。

図では、たてを個数、横を平均にしましたが、これらは入れかわってもよいです。ですから、「**長方形の面積が合計を表す**」ことだけをおさえておけばよいのです。

では、平均について、次の例題を解いてみましょう。

（例2） **次の問いに答えましょう。**

（1）次の重さの平均を求めましょう。

152g　　158g　　135g　　175g

（2）41人のクラスで社会のテストがありました。平均点が73点のとき、このクラス全員の合計点は何点ですか。

（3）1個の重さの平均が59gのたまごをいくつか買って、すべてのたまごの重さの合計が708gになりました。何個のたまごを買いましたか。

(1) では、まず合計を求めます。合計は、152＋158＋135＋175＝620（g）です。

「平均 ＝ 合計 ÷ 個数」なので、平均は、620 ÷ 4＝155 (g) です。

(2) は、「合計 ＝ 平均 × 個数（人数）」の公式で求めます。平均が73 点で、人数が 41 人なので、合計点は、73 × 41＝2993（点）です。

(3) は、「個数 ＝ 合計 ÷ 平均」の公式で求めます。合計が 708g で、平均が 59g なので、個数は、708 ÷ 59＝12（個）です。

以上、平均についてみてきました。平均、個数、合計の関係と、それぞれを求める公式についておさえておきましょう。

どっちをどっちで割ればいいの？

5年生〜

5年生で習う「**単位量**(たんいりょう)**あたりの大きさ**」という単元があります。この単元は、多くの小学生がつまずくところでもあります。ところで、「単位量あたりの大きさ」という表現は日常的にあまり使われないので、「どういうことを習う単元なの？」と思う方もいるのではないでしょうか。

そこで、まず「単位量あたりの大きさ」とは何かを説明していきます。

例えば、子供のお小遣いなら「1日あたり100円」、チョコレートを分けるなら「1人あたり3個」、車の燃費なら「1Lあたり10 km」などの、「**1つあたり〜**」**という表現**は、日常生活でもよく使われます。

このような「**1つあたりの大きさ**」のことを「**単位量あたりの大きさ**」と言います。

例えば、同じ商品が「3個セット800円」と「4個セット1100円」で売られているときに、どちらが得かどのように計算しますか。電卓で1個あたりの値段を求めて計算する方が多いのではないでしょうか。「3個セット800円」なら、1個あたりの値段は、800÷3＝ 約267（円)。一方、「4個セット1100円」なら、1個あたりの値段は、1100÷4＝275（円)。だから、「3個セット800円」のほうがお得だとわかります。

「3個セット800円」と「4個セット1100円」のままでは、どちらがお得か比べにくいです。だから、「単位量あたりの大きさ（1つあたりの値段)」に直して比べやすくしたのです。「**単位量あたりの大きさ**」**にすることで、「比べやすくする」というメリットがあります。**

では、実際に単位量あたりの大きさの問題を解いていきましょう。次の例題をみてください。

（例1） **長さが3mで重さが96gの針金があります。この針金1mあたりの重さは何gですか。**

（例1）は、ほとんどの生徒が解くことができます。3mで96gですから、96gを3等分すれば1mあたりの重さが求まります。だから、答えは96÷3＝32（g）です。

では、次の例題にいきましょう。

（例2） **長さが300cmで重さが96gの針金があります。この針金1cmあたりの重さは何gですか。**

（例1）と（例2）を比べると、「3mが300cm」に、「1mあたりが1cmあたり」に、それぞれ変わっただけです。でも、（例2）は（例1）に比べると、正答率が下がります。

（例2）を解いていきます。300cmで96gですから、96gを300等分すれば1cmあたりの重さが求まります。だから、答えは

$$96 \div 300 = \underline{0.32\ (g)}$$

です。

（例2）のほうが（例1）より正答率が下がる理由は、「大きい数を小さい数で割るのだという間違った思いこみ」などが考えられます。つまり、「300÷96」を計算しようとする生徒がいるということです。

では、次の例題にいきましょう。

（例3）長さが0.03 mで重さが0.96 gの針金があります。この針金1 mあたりの重さは何gですか。

（例3）も間違う生徒が多い問題です。なぜなら、「0.03÷0.96」か、「0.96÷0.03」か、どっちをどっちで割ればよいか迷う生徒が出てくるからです。なかには、「0.03×0.96」を計算しようとする生徒もいます。

このように、迷った場合は、「**問題文にわかりやすい数をあてはめて考える**」ようにしましょう。（例3）で、例えば、「0.03 mのかわりに2 m」を、「0.96 gのかわりに6 g」をそれぞれあてはめると、次のようになります。

長さが0.03mで重さが0.96 gの針金があります。この針金1mあたりの重さは何gですか。

⇓ **わかりやすい数をあてはめる**

長さが2mで重さが6 gの針金があります。この針金1mあたりの重さは何gですか。

このように、わかりやすい数をあてはめると、問題がかんたんになりますね。重さ6（g）を長さ2（m）で割って、6÷2＝3 (g）とかんたんに求めることができます。そして、ここから「**重さ（g）÷長さ（m）＝1mあたりの重さ（g）**」という公式を導くことができます。

わかりやすい数をあてはめることによって、「重さ（g）÷長さ（m）＝1mあたりの重さ（g）」という公式が導けたら、もとの問題に戻ります。もとの問題は、長さが0.03mで重さが0.96gです。「重さ（g）÷ 長さ(m) = 1mあたりの重さ(g)」ですから、

$$0.96 \div 0.03 = \underline{32\ (g)}$$

と（例3）の答えを求めることができます。

（例2）や（例3）のような問題で、どっちをどっちで割ればよいか、わからなくなったら、「**わかりやすい数をあてはめる**」という方法が役に立ちます。解き方の流れをまとめると、次のようになります。

【どっちをどっちで割ればよいか迷ったときの3ステップ】

① わかりやすい数をあてはめる

⇓

② 公式をみちびく

⇓

③ もとの問題に戻って、公式にあてはめて解く

上記の3ステップによって、スムーズに解けることが多いです。

「わかりやすい数をあてはめて考える」ことは、この単元以外でも使える大切な方法です。例えば、単元は違いますが、次の例題をみてください。

（例4） **次の□に入る数を求めましょう。**

□ ÷ 0.5 = 0.37

この□を求めるときに、「0.5 × 0.37」「0.5 ÷ 0.37」「0.37 ÷ 0.5」のどれで計算していいか迷ってしまう生徒がいます。このように、迷ってしまったときは、やはり「わかりやすい数をあてはめて考える」ようにしましょう。

例えば、「□ ÷2＝3」というわかりやすい数で考えます。この式で考えると、□ ＝2×3＝6 であることがわかります。ですから、もとの問題の答えを、0.5×0.37＝<u>0.185</u> と求めることができます。この場合も、前記の3ステップで解けることがわかります。もう1題解いてみましょう。

（例5） **次の□に入る数を求めましょう。**

4.06 ÷ □ ＝ 5.8

この□を求めるときに、「4.06×5.8」「4.06÷5.8」「5.8÷4.06」のどれで計算していいか迷ってしまう生徒がいます。この例題でも、わかりやすい数をあてはめて考えましょう。

例えば、「6÷ □ ＝3」というわかりやすい数で考えます。この式で考えると、□ ＝6÷3＝2 であることがわかります。ですから、もとの問題の答えを、4.06÷5.8＝<u>0.7</u> と求めることができます。

このように、前記の3ステップによって迷うことなく解くことができるようになります。「わかりやすい数をあてはめて考える」という方法を是非知っておきましょう。

いろいろな単位の関係はどうやって覚えたらいいの？

2年生～

小学算数では、長さ、重さ、面積、体積や容積などのさまざまな単位を習います。さまざまな単位があるので、単位やその関係がわからなくなったり、混同したりしている生徒が多いです。

生徒の中には、これらのさまざまな単位の関係をすべて暗記しようとする子もいます。しかし、丸暗記するのは大変ですし、なかなか記憶が定着しません。では、さまざまな単位の関係をどのようにおさえればよいのでしょうか。すべてを力ずくで丸暗記するのではなく、効率よく単位の関係をおさえられるポイントが５つあります。

【単位の関係をおさえる５つのポイント】

(1)「重い先生、綿100％」という語呂で覚える

(2) k（キロ）は1000倍、m（ミリ）は$\frac{1}{1000}$倍を表す

(3) cm^2、m^2、km^2の関係は導ける

(4) cm^3とm^3の関係は導ける

(5) 同じ量を表す単位がある

それぞれのポイントについて、具体的にみていきます。

(1)「重い先生、綿100％」という語呂で覚える

暗記をするときに語呂合わせを使うのは有効な方法です。重さと面積

の単位の関係は、「**重い先生、綿 100％**」という語呂合わせで覚えることができます。重さと面積の単位の関係は次の通りです。

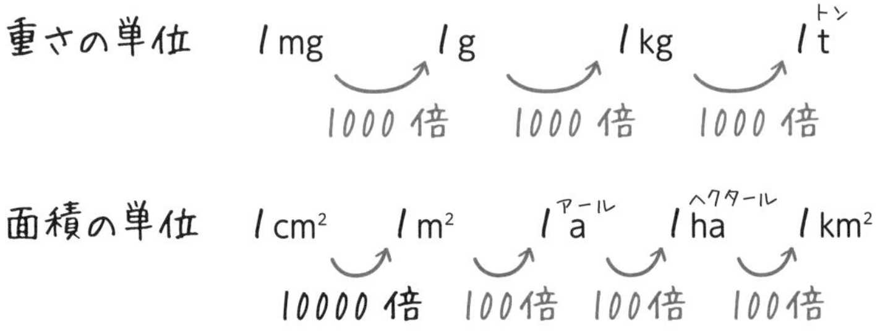

重さの単位　1mg →(1000倍)→ 1g →(1000倍)→ 1kg →(1000倍)→ 1t（トン）

面積の単位　1cm² →(10000倍)→ 1m² →(100倍)→ 1a（アール）→(100倍)→ 1ha（ヘクタール）→(100倍)→ 1km²

重さは、1000倍ずつ大きくなっています。また、面積は、1cm² から 1m² は 10000倍ですが、それ以外は100倍ずつ大きくなっています。これを、「重い先生、綿100％」という語呂合わせで、次のように覚えればよいのです。

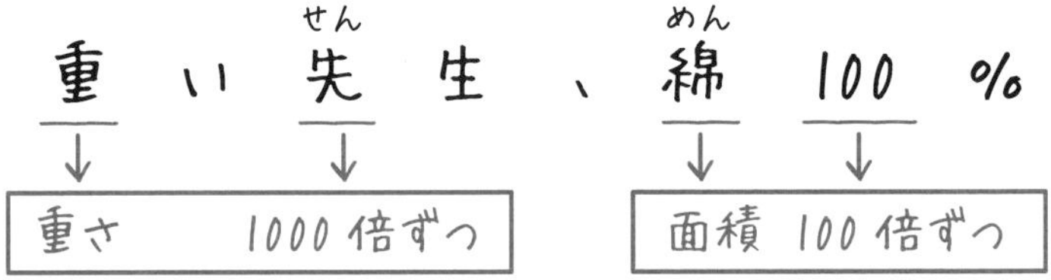

重い先生（せんせい）、綿（めん）100％

重 → 重さ　先 → 1000倍ずつ

綿 → 面積　100 → 100倍ずつ

(2) k（キロ）は1000倍、m（ミリ）は$\frac{1}{1000}$倍を表す

k（キロ）は1000倍、m（ミリ）は$\frac{1}{1000}$倍を表します。例えば、1Lにk（キロ）がつくと、1000倍の1kLになります。一方、1Lにm（ミリ）がつくと、$\frac{1}{1000}$倍の1mLになります。

このように、k と m の意味を知っているだけで、次の 3 つの関係をすべておさえることができます。

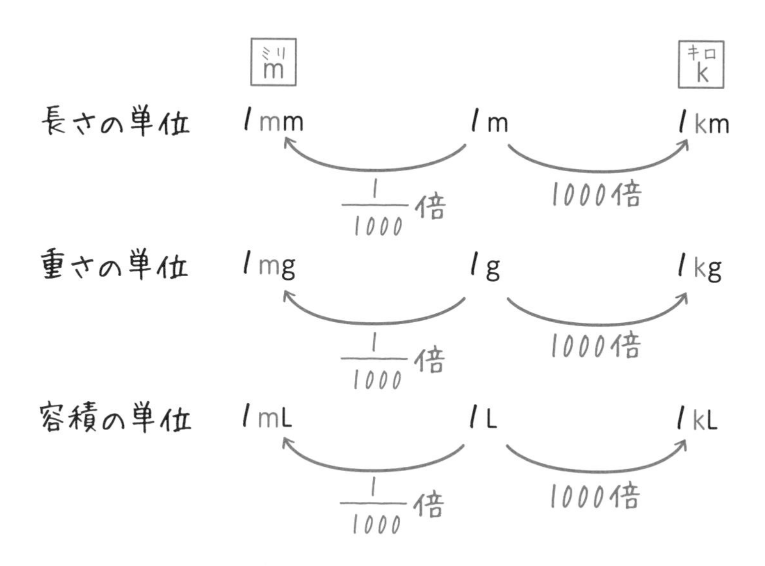

k と m の意味を知っていると、算数だけでなく、理科でも役に立ちます。例えば、電流の単位である A（アンペア）について、1A＝1000mA などの単位の関係をすぐにおさえることができます。この点からも、k と m の意味はぜひ知っておきましょう。

(3)　cm^2、m^2、km^2 の関係は導ける

面積の単位である cm^2、m^2、km^2 の関係は導くことができます。$1m^2 = 10000cm^2$、$1km^2 = 1000000\,m^2$ という関係を丸暗記しようとする生徒がいますが、その必要はありません。

まずは、cm^2 と m^2 の関係について、みていきましょう。1 辺が 1m の正方形の面積が $1m^2$ です。ですから、次のように紙に $1m^2$ の正方形を描いてください。

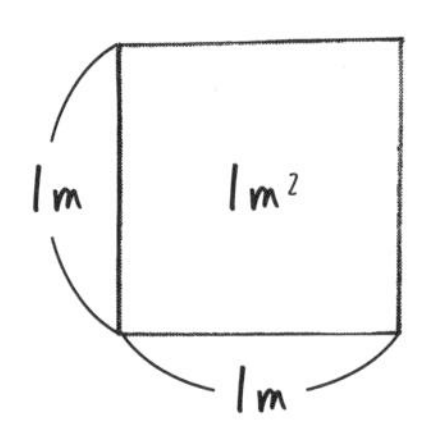

1m＝100cm です。1辺が 100cm の正方形の面積は、

$100 \times 100 = 10000\,\mathrm{cm}^2$

となります。ですから、次の図に表したように、$1\mathrm{m}^2 = 10000\ \mathrm{cm}^2$ だとわかります。

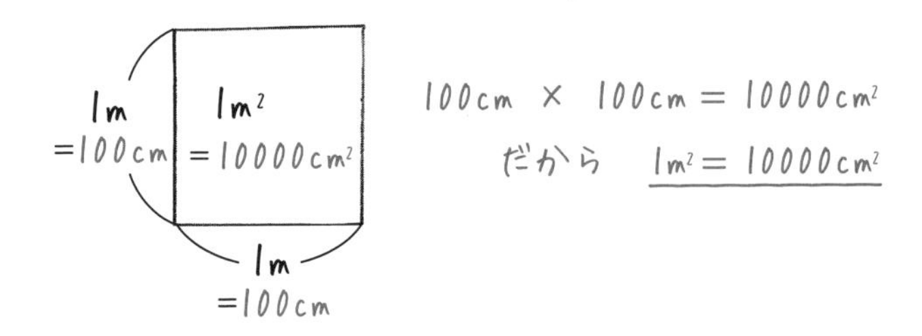

次に、m^2 と km^2 の関係について、みていきましょう。1辺が 1km の正方形の面積が $1\mathrm{km}^2$ です。ですから、同じように紙に $1\mathrm{km}^2$ の正方形を描いて考えます。

1km＝1000m です。1辺が 1000m の正方形の面積は、

$1000 \times 1000 = 1000000\,\mathrm{m}^2$

となります。ですから、次の図に表したように、

$1\mathrm{km}^2 = 1000000\,\mathrm{m}^2$

だとわかります。

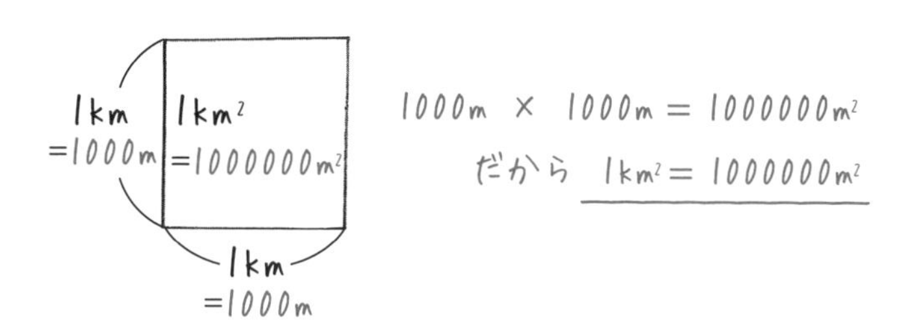

このように、面積の単位であるcm^2、m^2、km^2の関係は、丸暗記しなくても導くことができます。導き方を理解しておきましょう。

(4) cm^3とm^3の関係は導ける

体積の単位であるcm^3とm^3の関係も導くことができます。

$1m^3 = 1000000\,cm^3$という関係をそのまま暗記する必要はありません。

1辺が1mの立方体の体積が$1m^3$です。ですから、次のように紙に$1m^3$の立方体を描いてください。

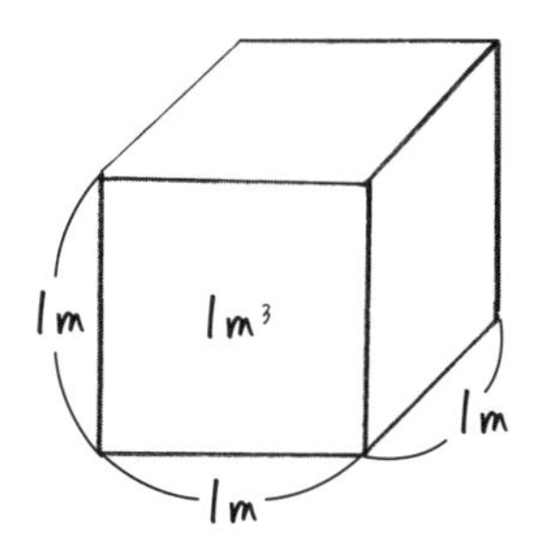

1m＝100cmです。1辺が100cmの立方体の体積は、

$$100 \times 100 \times 100 = 1000000\,cm^3$$

となります。ですから、次の図に表したように、$1m^3 = 1000000\,cm^3$

だとわかります。

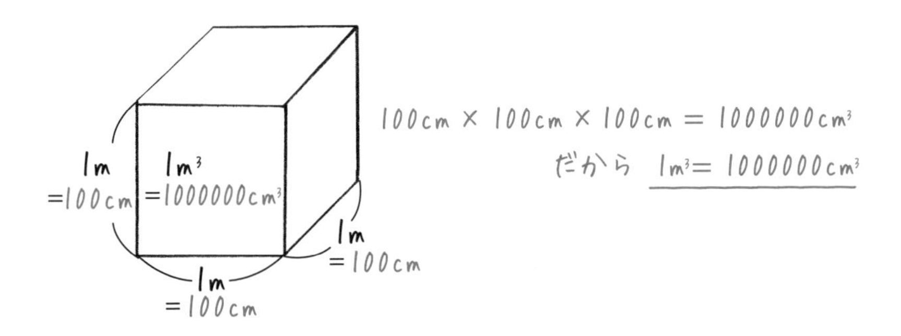

(5) 同じ量を表す単位がある

体積の単位である cm^3 と、容積の単位である mL は同じ量を表します。1cm³ = 1mL ということです。

また、体積の単位である m^3 と、容積の単位である kL は同じ量を表します。1m³ = 1kL ということです。

このように、同じ量を表す単位があることをおさえておきましょう。

以上、単位の関係をおさえる 5 つのポイントについて具体的にみてきました。この 5 つのポイントさえおさえれば、小学算数で習うほとんどの単位の関係をおさえることができます。最後に、小学算数で必要な単位の関係についてまとめておきます。

【小学算数でおさえるべき単位の関係】

・長さの単位

・重さの単位　(1000 倍ずつ)

・面積の単位　(1 m^2 からは 100 倍ずつ)

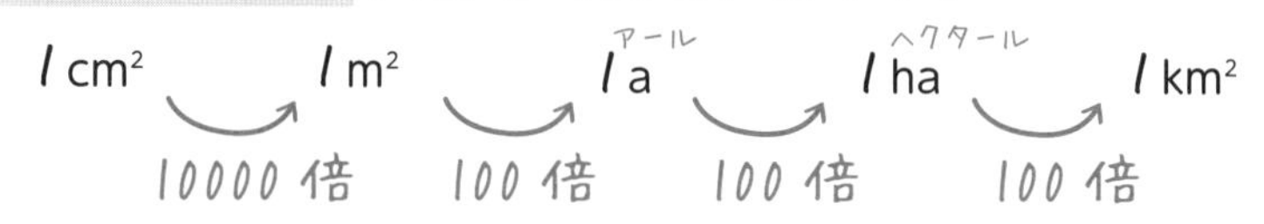

・体積、容積の単位

1 cm^3 = 1 mL →(100 倍)→ 1 dL（デシリットル）→(10 倍)→ 1 L →(1000 倍)→ 1 m^3 = 1 kL

単位の換算（かんさん）はどうすれば得意になれるの？

2年生〜

単位の換算（かんさん）（もしくは単位換算）とは、**ある単位を別の単位にかえること**です。多くの生徒がこの単位換算を苦手にしています。では、どうすれば単位換算がスムーズにできるのか、また得意にしていけるのか、そのコツについてみていきます。

（例1）　3.78kg は何 g ですか。

単位換算のコツは、「**基本の関係から導く**」ことです。どういうことか説明しましょう。（例1）は、kg を g に直す問題です。kg と g の基本の関係は、「1 kg ＝ 1000 g」です。この基本の関係から、**kg を g に直すには 1000 倍すればよい**ことがわかります。ですから、3.78 kg を g に直すと、3.78 × 1000 ＝ 3780 (g) と求めることができます。

1 kg ＝ 1000 g

1000 倍する

3.78 kg ＝ 3780 g

1000 倍する

このように、まず**基本の関係から、何倍すればよいのか（何で割ればよいのか）考えて、それをもとに解くのが単位換算のコツ**です。次の例題をみてください。

（例2） 65a は何 ha ですか。

同じように基本の関係から考えていきましょう。a と ha の基本の関係は、「100 a ＝ 1 ha」です。この基本の関係から、**a を ha に直すには 100 で割ればよいことがわかります。**ですから、65 a を ha に直すと、$65 \div 100 = \underline{0.65\ (\text{ha})}$ と求めることができます。

100 a ＝ 1 ha
100 で割る

65 a ＝ 0.65 ha
100 で割る

（例3） 28分は何時間ですか。

このような時間の単位換算も、同じように基本の関係から考えれば解くことができます。分と時間の基本の関係は、「60 分 ＝ 1 時間」です。この基本の関係から、**分を時間に直すには 60 で割ればよいことがわかります。**ですから、28 分を時間に直すと、

$$28 \div 60 = \frac{28}{60} = \underline{\frac{7}{15}\ (\text{時間})}$$

と求めることができます。

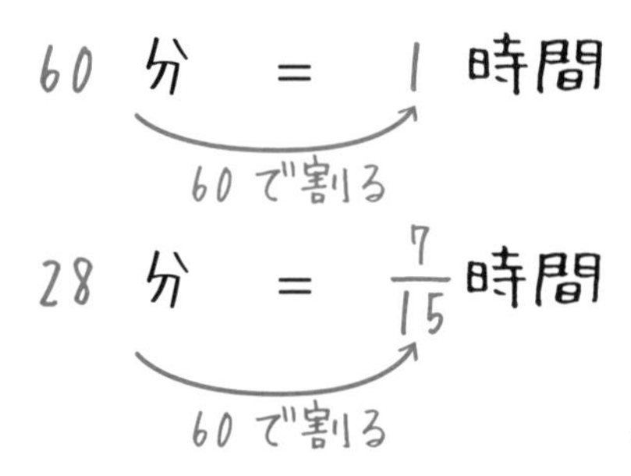

以上、単位換算のコツについて解説しました。どの単位換算も基本の関係から導くので、ひとつ前の項目でみた「**基本の関係をまず確実におさえる**」ことが大切です。基本の関係さえおさえれば、そこから導いてスムーズに単位換算できます。

どの単位換算も解き方の流れは同じなので、慣れるとどんどん得意にしていけます。苦手にしている生徒が多いところだからこそ、得意にすることで自分の強みになっていくでしょう。

速さの単位換算はどうすれば得意になれるの？

5年生～

速さの単位換算も苦手にしている生徒が多いです。その一因は、「1つの表し方の中に2つの単位が入っている」からです。例えば、「時速40km」なら、時間を表す「時」と、距離を表す「km」という2つの単位が入っています。このように、1つの表し方に2つの単位が入っているので、単位換算のときに困惑してしまう生徒が多いのです。

ではどうすれば、速さの単位換算を得意にしていけるのでしょうか。そのコツは、「解き方を暗記するのではなく、意味をおさえながら解く」ということです。どういうことか、例題を解きながら説明します。

（例1） **秒速5mは分速何mですか。**

A君という生徒が（例1）を解くとしましょう。A君は「秒速を分速に直すには60倍すればよい」という解き方を丸暗記していて、$5 \times 60 = 300$で、分速300mと解いたとします。これは正解です。

（例1）の詳しい解き方は次の通りです。秒速5mは、「1秒間に5m進む速さ」です。1分＝60秒なので、60秒で何m進むかを求めればよいです。1秒間に5m進むのだから、1分間（60秒間）では、$5 \times 60 = 300$（m）進みます。だから、答えは<u>分速300m</u>となります。

では、次の例題をみてください。

（例2） 秒速10ｍは分速何kmですか。

次にA君は（例2）を解きました。A君は同じように「秒速を分速に直すには60倍すればよい」と考えて、10×60＝600で、分速600kmと解いたとします。これは間違いです。なぜなら、A君が求めた「600」の単位はmであって、問題できかれているkmではないからです。このように、解き方を丸暗記していると、ちょっとひねった単位換算の問題でミスしてしまうことがあります。

このようなミスをしないためには、先述した通り、「**意味をおさえながら解く**」ことが大切です。（例2）を、意味をおさえながら解いていくと、次のようになります。

【（例2）の正しい解き方】

まず、秒速10mの意味は、「1秒間に10m進む速さ」ということです。この速さが分速何kmか、つまり「1分間に何km進む速さ」か求めていきます。

1分＝60秒なので、1分間で10×60＝600（m）進みます。つまり、「秒速10m＝分速600m」ということです。

次に、分速600mが分速何kmか求めます。「1000m＝1km」なので、mをkmに直すには1000で割ればよいことがわかります。600÷1000＝0.6より、正しい答えが「分速0.6km」と求まります。

このように、ひとつずつ意味をおさえながら解く習慣をつけると、速さのどんな単位換算も着実に解けるようになっていきます。

ただし、1つだけ例外があります。「**秒速〜mと時速〜kmの単位換算の裏ワザ**」**だけは解き方を暗記しておくと便利**です。秒速〜mと時速〜kmの単位換算は、学校のテストなどではあまり出てこないのですが、中学入試の算数にはよく出てきます。実際、中学受験生の多くがこの裏ワザを知っています。具体的には、次のような裏ワザです。

【秒速●mと時速■kmの単位換算の裏ワザ】

・秒速●mを時速■kmに直すには、●×3.6を計算すればよい

（例）　秒速15mは時速何kmですか。

→ $15 \times 3.6 = 54$　　　答え　時速54km

・時速■kmを秒速●mに直すには、■÷3.6を計算すればよい

（例）　時速54kmは秒速何mですか。

→ $54 \div 3.6 = 15$　　　答え　秒速15m

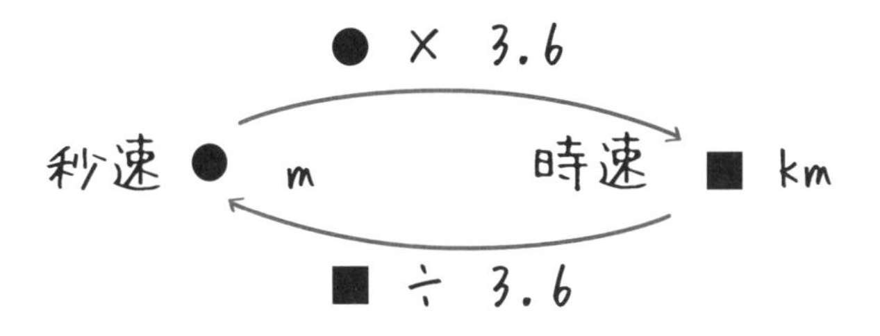

（例）
15×3.6=54
秒速 15 m　　時速 54 km
54 ÷ 3.6=15

この裏ワザを使わずに、秒速〜 m と時速〜 km の単位換算をしようとすると、次のようになります。

（例3） 秒速15mは時速何kmですか。

1時間 ＝60分、1分 ＝60秒なので、

1時間 ＝（60×60）秒 ＝3600秒です。

1秒間に15m進むのだから、1時間（3600秒）では、

3600×15＝54000（m）進みます。

54000m を km に直すには1000で割ればよいので、

54000÷1000＝54　　　　答え　時速54km

このように、けっこうややこしくなるのですが、裏ワザを使うことによって、「15×3.6＝54」という1つの式だけで解くことができます。

ところで、3.6をかけたり、3.6で割ったりすることで、どうして単位換算できるのか、その理由もあわせて知っておきましょう。その理由は次の通りです。

【秒速● m を時速■ km に直すには、●× 3.6 を計算すればよい理由】

秒速● mとは、「1秒間に● m進む速さ」のことです。

1時間 ＝60分、1分 ＝60秒なので、

1時間 ＝（60×60）秒 ＝3600秒

1秒間に● m進むのだから、1時間（3600秒）では、

（●×3600）m進みます。

（●×3600）m を km に直すには1000で割ればよいです。

●×3600÷1000

＝●×（3600÷1000）

＝（●×3.6）（km）

これにより、秒速● m を時速■ km に直すには、●×3.6 を計算すればよいことがわかります。

逆に、時速■ km を秒速● m に直すには、■÷3.6 を計算すればよいのです。

上記の理由で、この裏ワザが成り立ちます。秒速～ m と時速～ km の単位換算も、「意味をおさえながら解く解き方」と「裏ワザを使った解き方」のどちらでも解けるようにしておくのが望ましいです。

速さの3公式って
どうして成り立つの？

5年生～

例えば、平均では、「平均」、「合計」、「個数」の3つの関係をおさえることが大切でした。一方、速さでは、「**速さ**」、「**道のり**」、「**時間**」という3つの関係をおさえることがポイントです。次の（例1）を解きながら、これら3つの関係について、調べていきましょう。

> **（例1）** **ある人が、520 m の道のりを8分で歩きます。**
> **（1）この人の歩く速さは、分速何 m ですか。**
> **（2）この人が11分歩くと、何 m 進みますか。**
> **（3）この人が1495m 歩くのに、何分かかりますか。**

では、(1) から解いていきます。分速とは、**1分に進む道のりで表した速さ**です。520m の道のりを8分で歩いたのだから、520（m）を8（分）で割れば、分速が求められます。520 ÷ 8 = 65 なので、(1) の答えは、<u>分速 65m</u> です。

(1) では、道のりの 520（m）を、時間の8（分）で割って、速さの分速 65（m）を求めました。ここから、「**速さ＝道のり÷時間**」という公式をみちびくことができます。

(2) に進みましょう。(1) より、この人は、1分間に 65m 歩きます。だから、65（m）に、11（分）をかけると、11分で歩く道のりが求められます。65 × 11 = 715 なので、(2) の答えは、<u>715m</u> です。

(2) では、速さの分速 65 (m) に、時間の 11 (分) をかけて、道のりの (715m) を求めました。ここから、「**道のり＝速さ×時間**」という公式をみちびくことができます。

(3) にいきましょう。(1) より、この人は、1 分間に 65m 歩きます。だから、1495 (m) を、65 (m) で割れば、1495m 歩くのにかかる時間が求められます。1495 ÷ 65 = 23 なので、(3) の答えは、23 分です。

(3) では、道のりの 1495 (m) を、速さの分速 65 (m) で割って、時間の 23 (分) を求めました。ここから、「**時間＝道のり÷速さ**」という公式をみちびくことができます。

(1) ～ (3) により、次の、**速さの 3 公式**をみちびくことができましたので、まとめておきます。

【速さの 3 公式】

① 速　さ ＝ 道のり ÷ 時間
② 道のり ＝ 速　さ × 時間
③ 時　間 ＝ 道のり ÷ 速さ

速さの問題を解くとき、初めのうちは、この 3 公式を思い出しながら求めていきましょう。慣れてくると、ひとつずつ思い出さなくても、反射的に公式を使えるようになっていきます。

では、この項目の最後に、速さの 3 公式を使う問題を解いてみましょう。

（例2） **ある自動車が、A地点からB地点まで、時速40kmで3時間かけて走りました。このとき、次の問いに答えましょう。**

（1）A地点からB地点までの道のりは、何kmですか。

（2）別の自動車が、A地点からB地点までを4時間かけて走りました。この自動車は、時速何kmで走りましたか。

（3）ある人が自転車で、A地点からB地点までを、分速320mで走るのに、何時間何分かかりますか。

(1) から解いていきます。この自動車の速さは時速 40km で、かかった時間は 3 時間です。「**道のり＝速さ×時間**」なので、A 地点から B 地点までの道のりは、40 × 3 = 120（km）です。

(2) に進みましょう。(1) より、A 地点から B 地点までの道のりは 120km です。(2) の自動車は、120km 走るのに 4 時間かかりました。「**速さ＝道のり÷時間**」なので、(2) の自動車の速さは、120 ÷ 4 = 時速 30（km）です。

(3) にいきましょう。(1) より、A 地点から B 地点までの道のりは 120km です。(3) の自転車は分速 320m で走ります。km と m で単位が違うので、**単位をそろえる必要があります。**

まず、単位を m にそろえて解いてみましょう。「1km ＝ 1000m」なので、「120km ＝ 120000m」です。道のりが 120000 m、速さが分速 320m となり、これで単位がそろいました。「**時間＝道のり÷速さ**」なので、A 地点から B 地点までかかった時間は、120000 ÷ 320 ＝ 375（分）＝ 6（時間）15（分）と求められます。

このように、**速さの3公式を使うときは、単位をそろえる必要があることに注意**しましょう。道のり（120km）と速さ（分速320m）の単位をそろえないまま計算すると、「120 ÷ 320」という間違った計算式ができてしまいます。

ところで、(3) は、単位をkmにそろえても解くことができます。単位をkmにそろえるために、「分速320m」を、「分速～km」もしくは「時速～km」に換算する必要があります。ここでは、**「分速320m」を、「分速～km」に換算**してみましょう。

分速320mとは「1分間に320m進む速さ」です。「1000m = 1km」なので、「320m = 0.32km」です。つまり、「分速320m =分速0.32km = 1分間に0.32km(= 320m) 進む速さ」が成り立ちます。

道のりが120km、速さが分速0.32kmとなり、これで単位がそろいました。「**時間＝道のり÷速さ**」なので、A地点からB地点までかかった時間は、120 ÷ 0.32 = 375（分）= 6（時間）15（分）と求められます。単位換算をややこしく感じた方もいるかもしれませんが、ひとつひとつ意味を考えながら解いて、慣れていきましょう。

さんすうコラム

中学入試レベルの単位換算の問題に挑戦！

中学入試の算数では、次のような単位換算の問題が出されることがあります。第8章の総まとめとして、解いてみるのはいかがでしょうか。

練習問題 **次の□にあてはまる数を答えましょう。**

(1) 0.8 t − 32000 g − 21 kg ＝ □ (kg)

(2) 230 ha − 5000 a ＋ 0.01 km^2 − 62000 m^2 ＝ □ (a)

(3) 54 dL ＋ 3000 cm^3 − 7.2 L ＋ 0.002 kL ＝ □ (dL)

(答え)

(1) すべてkgに直してから計算します。

0.8 t − 32000 g − 21 kg
＝800 kg − 32 kg − 21 kg
＝747 (kg)　　答え　747

(2) すべてaに直してから計算します。

230 ha − 5000 a ＋ 0.01 km^2 − 62000 m^2
＝23000 a − 5000 a ＋ 100 a − 620 a
＝17480 (a)　　答え　17480

(3) すべてdLに直してから計算します。

54 dL ＋ 3000 cm^3 − 7.2 L ＋ 0.002 kL
＝54 dL ＋ 30 dL − 72 dL ＋ 20 dL
＝32 (dL)　　答え　32

いかがだったでしょうか。全問正解なら、単位換算に自信を持ってよいでしょう。

割合の「?」を解決する

割合(わりあい)って何?

割合、もとにする量、比べられる量はどう見分けたらいいの?

割合の公式はどうやって覚えればいいの?

割合の問題はどうやって解けばいいの?

百分率(ひゃくぶんりつ)、歩合(ぶあい)って何?

百分率、歩合の問題はどうやって解けばいいの?

割合の計算が速くなる方法があるって本当?

割合(わりあい)って何？

5年生～

私の考えでは、割合(わりあい)は小学算数のなかで一番奥の深い単元です。そして、子供が理解するのが一番難しく、また、教える側にとっても教えるのが最も難しい単元だとも思っています。

私は「生徒にできるだけわかりやすく教えたい」という気持ちが強いので、割合をどのように教えればよいかずっと考えてきました。20年以上の指導のなかでずっと考え続けてきて、今では自分なりの割合の教え方を確立できたという自負があります。この第9章では、私が一番わかりやすいと思う割合の考え方について紹介していきます。

ではさっそく、本題に入りましょう。

子供に「割合って何？」と聞かれたら、どう答えますか？

教科書や参考書には、「割合とは、**比べられる量が、もとにする量のどれだけ（何倍）にあたるかを表した数**である」のように載っていることが多いです。これはもちろん正しい意味です。しかし、子供にこのまま伝えても理解してもらうのは難しいでしょう。では、割合の意味について、どのように教えればよいのでしょうか。

割合の意味についての文で、「**もとにする量**」「**比べられる量**」という言葉が出てきました。割合の意味とあわせて、これらの言葉についても説明するために、次の例題をみてください。

（例1）　3をもとにして、6と比べると、6は3の何倍ですか。

この例題は、とてもかんたんですね。6÷3＝2で、答えは2倍です。この問題では、もとにする量は3で、比べられる量は6です。比べられる量の6をもとにする量の3で割って、答えを2倍と求めています。つまり、「割合 ＝ 比べられる量 ÷ もとにする量」という式が成り立ちます。（例1）では、2倍が割合です。

6 ÷ 3 ＝ 2（倍）
↑ ↑ ↑
比べられる量 ÷ もとにする量 ＝ 割合

「割合って何？」と聞かれたときには、「〜倍にあたる数だよ」と教えると、子供がスムーズに理解できることが多いです。実際は、後で解説する百分率や歩合などを含めて「割合」と言うのですが、ひとまずはこのように教えるとよいでしょう。

例題では、問題文に6と3という2つの数が出てきました。この6と3という数を比べているわけです。このように、割合とは2つの数や量を比べる手段であるということをおさえましょう。ただ、2つの数を比べるときに、どちらかの数を「もとにする」必要があります。例題の場合は、3をもとにしています。3を「**もとにする量**」にして、6を比べているので、6が「**比べられる量**」なのです。

では、「もとにする」とは、どういう意味なのでしょうか。「もとにする」とは、「1倍とする」という意味です。ですから、先ほどの（例1）

は、次の（例 2）のように言いかえることができます。

（例1） **3をもとにして、6と比べると、6は3の何倍ですか。**

↓言いかえると…

（例2） **3を**1倍として**、6と比べると、6は3の何倍ですか。**

（例 2）を線分図に表すと、次のようになります。

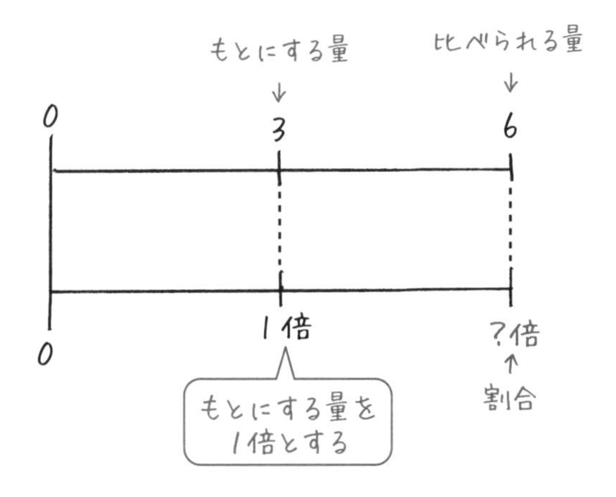

つまり、**もとにする量の 3 を「1 倍」としたときに、比べられる量の 6 は何倍になるか**、ということです。これを求めるには、先述した通り、比べられる量の 6 を、もとにする量の 3 で割って、2 倍とすればよいのです。まとめると、「**もとにする量を 1 倍とするとき、比べられる量は何倍になるか**」というのが割合の考え方です。

ところで、（例 1）は「3 をもとにして、6 と比べると、6 は 3 の何倍ですか」という問題でした。（例1）の前半部分をカットして、次の（例3）のように言いかえることもできます。

（例1） **3をもとにして、6と比べると、6は3の何倍ですか。**

↓言いかえると…

（例3） **6は3の何倍ですか。**

もとの例題では、「3をもとにして、6と比べると…」と明記されていたので、3がもとにする量で、6が比べられる量であることは、すぐにわかりました。しかし、（例3）のように、「6は3の何倍ですか」だけになってしまったときに、6と3のどちらが、もとにする量か、または比べられる量か、子供にどのように教えればいいでしょうか。

ここに、割合が難しいと言われる一因があります。「6は3の何倍ですか」という文で、3がもとにする量で、6が比べられる量です。でも、これをどう見分ければいいのでしょうか。これを詳しく解説するには、「6**は**3**の**何倍ですか」という文の中にある「は」「の」という助詞のはたらきを説明しなければなりません。例えば、次のような説明になります（ややこしいので読み飛ばしてもらってもかまいません）。

【助詞のはたらきによる説明の例】

「は」は、話題を提示する意味を添える副助詞である。「の」は、連体修飾語をつくり、所属を示す格助詞である。「3の」が「何倍」を修飾しているということなので、3がもとにする量である。そして、3をもとにする量として、6が比べられているので、6は比べられる量である。

このように、助詞のはたらきを小学生に教えても理解してもらうのは困難でしょう。外国人にとって日本語の習得は難しいと言われます。日本語が難しいとされるひとつの理由が、助詞の用法が複雑だからです。

割合を苦手にしている生徒が多い原因のひとつも、「助詞を正しく読み取る力が必要だから」だと考えます。では、どのように教えればよいのでしょうか。それを次の項目でお話しします。

割合、もとにする量、比べられる量はどう見分けたらいいの？

5年生～

「6は3の何倍ですか」という文で、もとにする量、比べられる量をどう見分けたらよいかという話の続きをします。話をわかりやすくするために、「6は3の2倍です」という文について、次の例題を解きながら考ええます。

（例）「6は3の2倍です」という文について、次の問いに答えましょう。

（1） 割合は何ですか。

（2） もとにする量は何ですか。

（3） 比べられる量は何ですか。

(1) から解いていきます。ひとつ前の項目で、「～倍にあたる数」が割合であると言いました。「6は3の2倍です」という文で、「～倍にあたる数」は2倍です。だから、(1) の答えは、2倍です。

(2) にいきましょう。もとにする量は、次のきまりによって見つけられます。

【もとにする量の見分け方】

「の」の前が、もとにする量である

どういうことか説明します。「6は3の2倍です」という文で、「の」の前は3です。だから、3がもとにする量です。(2) の答えは3ということです。

(3) にいきましょう。「6 は 3 の 2 倍です」という文には、6、3、2 という 3 つの数が出てきました。3 がもとにする量で、2（倍）が割合なので、6 が残ります。この**残った 6 が比べられる量**です。(3) の答えは6ということです。

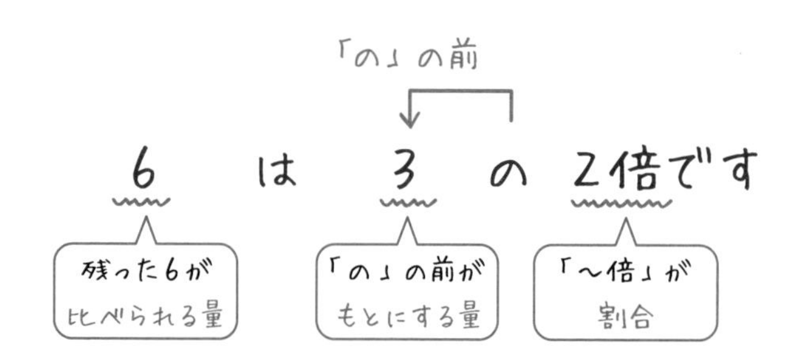

ところで、**「6 は 3 の 2 倍です」という文は、「3 の 2 倍は 6 です」**という文に言いかえることができます。「3 の 2 倍は 6 です」という文も、割合、もとにする量、比べられる量を、次のように、同じ手順で見つけることができます。

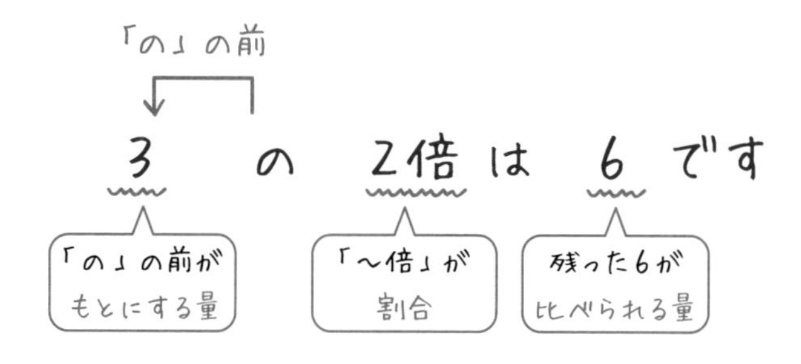

割合、もとにする量、比べられる量の見分け方をまとめておきます。

【割合、もとにする量、比べられる量の見分け方】

「○は□の～倍です」や「□の～倍は○です」という文では、次の①～③の順で見分けましょう（①と②は入れかわってもよいです）。

① **「～倍」が割合**

② **「の」の前の□がもとにする量**

③ **残った○が比べられる量**

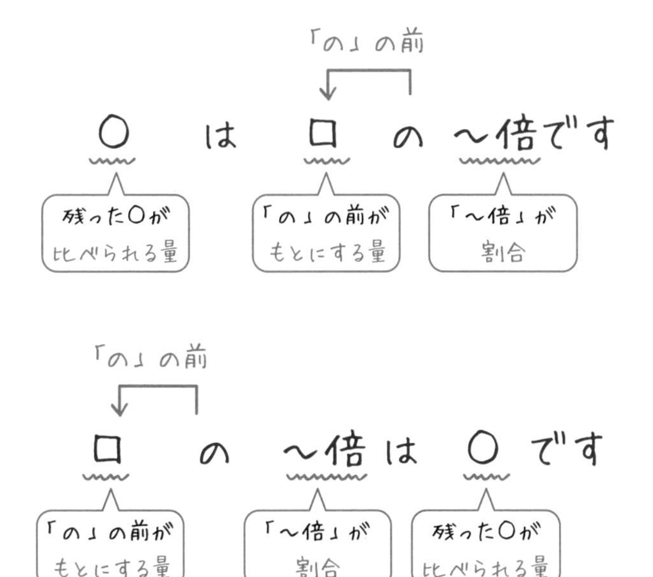

※ただし、「○は□の～倍です」や「□の～倍は○です」以外の文では、あてはまらない場合もあるので注意しましょう。

ひとつ前の項目でも述べた通り、助詞の「の」と「は」の性質を子供に教えても、うまく伝わらないでしょう。だから、上記の方法で、割合、もとにする量、比べられる量を見分けることをおすすめします。

割合の公式はどうやって覚えればいいの？

5年生〜

p.261 で、「**割合 ＝ 比べられる量 ÷ もとにする量**」という式が成り立つことを述べました。ところで、長方形について、「たての長さ ＝ 長方形の面積 ÷ 横の長さ」という公式が成り立ちます。ですから、割合、もとにする量、比べられる量は、次の面積図で表すことができます。

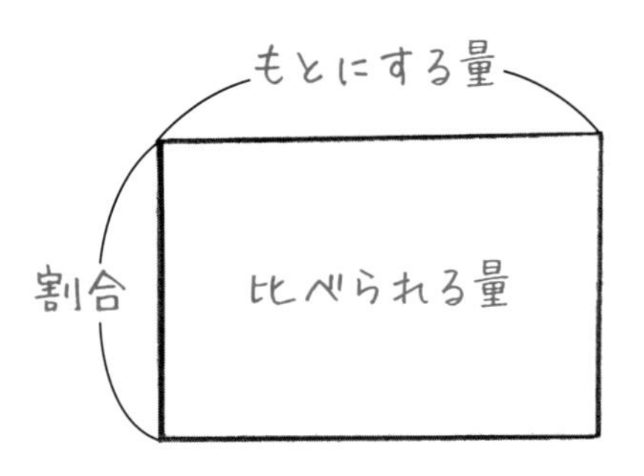

この図から、割合に関する次の3つの公式を導くことができます。これら3つの公式を「**割合の3用法**」と言います。

【割合の3用法】

① **割合 ＝ 比べられる量 ÷ もとにする量**
② **比べられる量 ＝ もとにする量 × 割合**
③ **もとにする量 ＝ 比べられる量 ÷ 割合**

割合の問題は、この割合の3用法を利用して解きます。本当は、それぞれの公式の意味を理解しておさえるのがよいです。しかし、習い始めの生徒には、次の「**く・も・わ」の図**を使って、割合の3用法をおさえることをすすめる場合もあります。

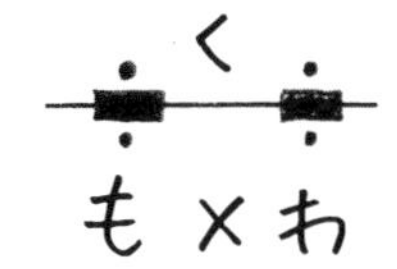

「く」が「比べられる量」、「も」が「もとにする量」、「わ」が「割合」を表します。求めたいものを指でかくすことによって、公式が浮かび上がってきます。

(1) 割合を求めたいとき

図の「わ」を指でかくします。

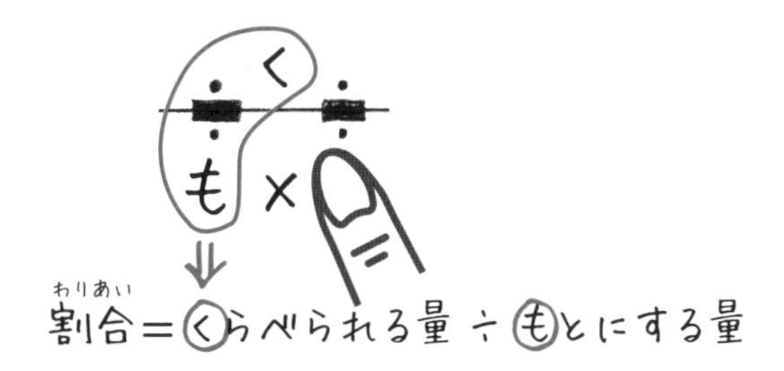

すると、図のように、「く ÷ も」が残ります。

つまり、「割合 ＝ 比べられる量 ÷ もとにする量」だとわかります。

(2) 比べられる量を求めたいとき

図の「く」を指でかくします。

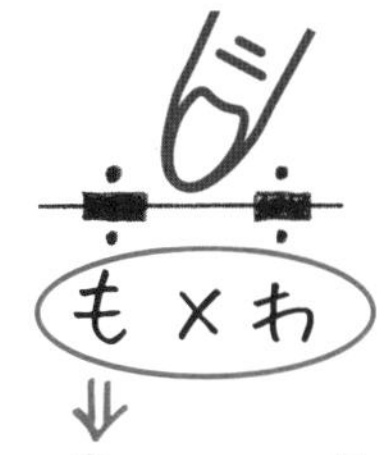

すると、図のように、「も × わ」が残ります。

つまり、「**比べられる量 ＝ もとにする量 × 割合**」だとわかります。

（3）もとにする量を求めたいとき

図の「も」を指でかくします。

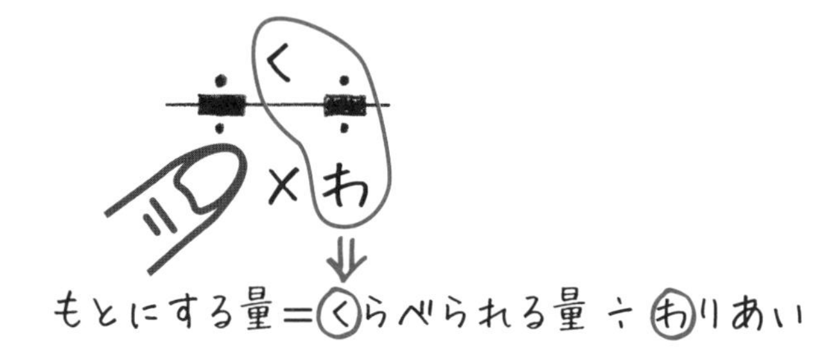

そうすると、図のように、「く ÷ わ」が残ります。

つまり、「**もとにする量 ＝ 比べられる量 ÷ 割合**」だとわかります。

ところで、単元は違いますが、速さの３つの公式も、「み・は・じ」の図を使えば、同じ要領で覚えることができます。

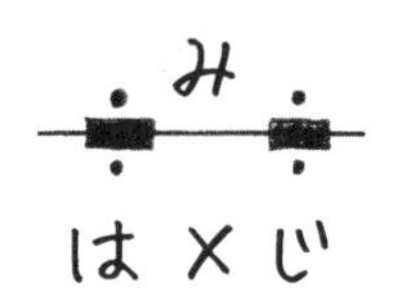

【速さの３つの公式】

① 速　さ ＝ 道のり ÷ 時間

② 道のり ＝ 速　さ × 時間

③ 時　間 ＝ 道のり ÷ 速さ

割合の問題はどうやって解けばいいの？

5年生〜

（例1） **次の□にあてはまる数を答えましょう。**
56kgは80kgの□倍です。

（例1）には、2つの解き方があります。

【解き方その1　2ステップで解く方法】

割合の問題は、次の2ステップで解くことができます。

【割合の問題の解き方】

① 割合、比べられる量、もとにする量を見分ける

② 割合の3用法のいずれかを使って計算する

この2ステップによって、（例1）を解いていきます。まず、割合、比べられる量、もとにする量を見分けます。見分け方は、p.265〜で紹介した通りです。

「□倍」は割合なので、（例1）は割合を求める問題です。

そして、「の」の前がもとにする量なので、80kgがもとにする量です。残った56kgが比べられる量です。

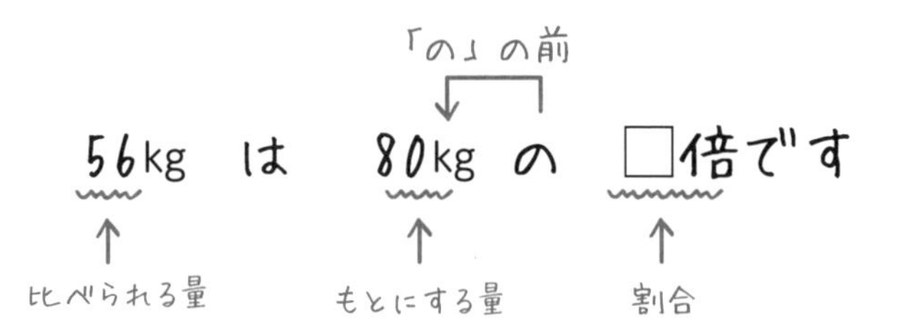

割合を求めるためには、「**割合 ＝ 比べられる量 ÷ もとにする量**」の公式を使います。この公式より、□＝56÷80＝0.7 で、答えを <u>0.7</u>（倍）と求めることができます。

【解き方その２　問題文を式におきかえる方法】

（例 1）には別の解き方があります。次の方法です。

> 「○は□の～倍です」や「□の～倍は○です」という文では、
> 「**は**」を「**=**」に、
> 「**の**」を「**×**」にそれぞれおきかえられる。
> ※ただし、上記の 2 パターン以外の文では、あてはまらない場合もあるので注意しましょう。

これを利用すると、（例 1）は、次のようになります。

56kg　は　80kg　の　□倍です
　　　↓　　　　　↓
56　＝　80　×　□

「56 kg は 80 kg の□倍です」という問題文を、「56＝80× □」という式に変形することができました。これにより、□ ＝56÷80＝<u>0.7</u>（倍）と求めることができます。では、次の例題にいきましょう。

（例2） **次の□にあてはまる数を答えましょう。**

□円の0.75倍は30円です。

これも２つの解き方で解いてみましょう。

【解き方その１　２ステップで解く方法】

割合、比べられる量、もとにする量を見分けると、次のようになります。

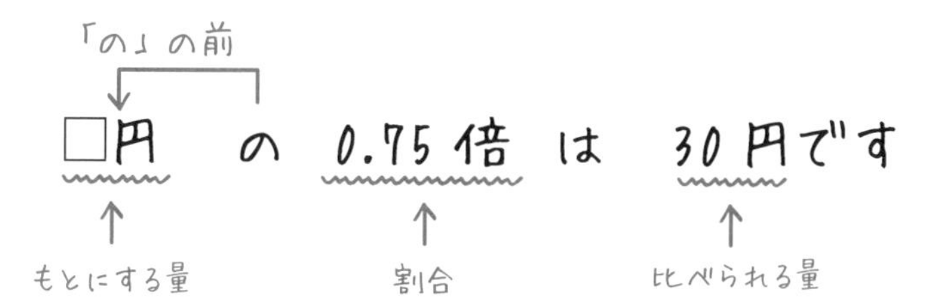

「**もとにする量 ＝ 比べられる量 ÷ 割合**」なので、

□ ＝30÷0.75＝40（円）

と求まります。

【解き方その２　問題文を式におきかえる方法】

（例２）の「**は**」を「**＝**」に、「**の**」を「**×**」にそれぞれおきかえると、次のようになります。

□円 の 0.75倍 は 30円です

□ × 0.75 ＝ 30

「□円の0.75倍は30円です」という問題文を、「□ ×0.75＝30」という式に変形することができました。これにより、

□ ＝30÷0.75＝40（円）

と求めることができます。では、次の例題にいきましょう。

（例3） 5年生でA町に住んでいる人は45人です。これは5年生全員の0.3倍にあたります。5年生は全員で何人でしょうか。

この問題文で、「○は□の〜倍です」や「□の〜倍は○です」にあたる文を探すと、第2文の「これは、5年生全員の0.3倍にあたります。」が近いことがわかります。

第2文の「これ」は、「45人（A町に住んでいる人）」を指します。つまり、次のように文を言いかえることができます。

これは 5年生全員の 0.3 倍にあたります

↓

45人は 5年生全員の 0.3 倍です

このように、割合の文章題では、「○は□の〜倍です」や「□の〜倍は○です」という形に（頭の中で）文を言いかえて考えましょう。

（例3）を容易に解ける人は、無意識にこの「言いかえ」を頭の中でおこなっているのではないでしょうか。スムーズに言いかえるためには、算数の力というより、国語力が必要になってきます。

（例3）の第2文を「45人は5年生全員の0.3倍です」という形に言いかえることができました。あとは、今までの例題と同じように2つの解き方で解くことができます。

【解き方その1　2ステップで解く方法】

割合、比べられる量、もとにする量を見分けると、次のようになります。

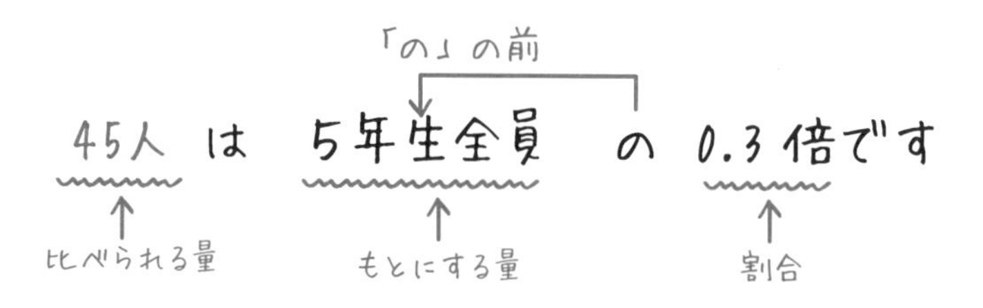

「**もとにする量 ＝ 比べられる量 ÷ 割合**」なので、

5年生全員 ＝45÷0.3＝<u>150人</u>

と求まります。

【解き方その2　問題文を式におきかえる方法】

（例3）の「**は**」を「**=**」に、「**の**」を「**×**」にそれぞれおきかえると、次のようになります。

45人 は 5年生全員 の 0.3倍です
↓ ↓
45 ＝ 5年生全員 × 0.3

「45人は5年生全員の0.3倍」という問題文を、「45＝5年生全員×0.3」という式に変形することができました。これにより、5年生全員 ＝45÷0.3＝<u>150人</u>と求めることができます。

百分率(ひゃくぶんりつ)、歩合(ぶあい)って何？

5年生～

前の項目までに述べた、0.3倍や1.8倍などの「～倍」で表される割合を、**小数の割合**と言います。

小数の割合の0.01（倍）を、**1%（1パーセント）**と言います。
百分率(ひゃくぶんりつ)とは、パーセントで表した割合です。

小数の割合を100倍すると、百分率になります。また、**百分率を100で割ると、小数の割合**になります。

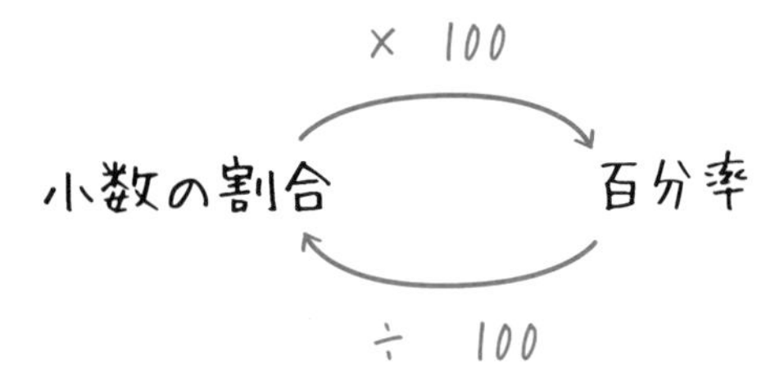

百分率について、次の例題をみてください。

（例1） **次の問いに答えましょう。**
（1）小数の割合0.47を百分率に直しましょう。
（2）91%を小数の割合に直しましょう。

(1) から解いていきます。**小数の割合を100倍すると、百分率**になるので、$0.47 \times 100 = 47$ で、答えが <u>47 %</u> と求まります。

(2) にいきましょう。**百分率を 100 で割ると、小数の割合**になるので、$91 \div 100 = 0.91$ で、答えが 0.91（倍）と求まります。

次に、**歩合**(ぶあい)について解説します。歩合とは、割合を次のように表したものです。

小数の割合		歩合
0.1（倍）	→	1 割(わり)
0.01（倍）	→	1 分(ぶ)
0.001（倍）	→	1 厘(りん)

歩合は、商品の値引き表示で、「2 割引」のように使われます。また、野球選手の打率で、「3 割 1 分 2 厘」のように使われることもあります。歩合について、次の例題をみてください。

（例2） **次の問いに答えましょう。**

（1） 小数の割合0.852を歩合に直しましょう。

（2） 7割3分8厘を小数の割合に直しましょう。

(1) から解いていきます。0.852 は、0.1 が 8 つ、0.01 が 5 つ、0.001 が 2 つなので、8 割 5 分 2 厘です。

(2) にいきましょう。7 割 3 分 8 厘は、0.1 が 7 つ、0.01 が 3 つ、0.001 が 8 つなので、0.738 です。

以上、百分率と歩合の意味についてみてきました。ここまでに出てきた、**小数の割合、百分率、歩合は、どれも割合**です。どれも割合ですが、それぞれ表し方が違うのです。では、その違いはなんでしょうか。

p.261 で述べた通り、**小数の割合**では、もとにする量を「**1（倍）**」としました。一方、**百分率**では、もとにする量を「**100（%）**」とします。また、**歩合**では、もとにする量を「**10（割）**」とします。

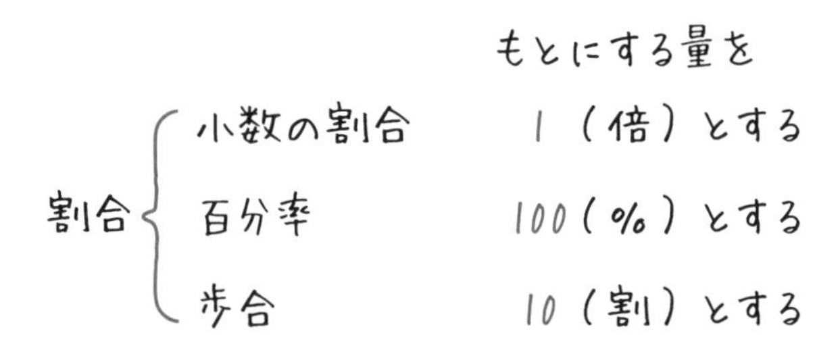

例えば、次の 3 つの文は、同じ内容を表しています。

（小数の割合）	50 人の **0.7 倍**は 35 人です。
（百　分　率）	50 人の **70%** は 35 人です。
（歩　　　合）	50 人の **7 割**は 35 人です。

それぞれを、線分図に表すと、次のようになります。

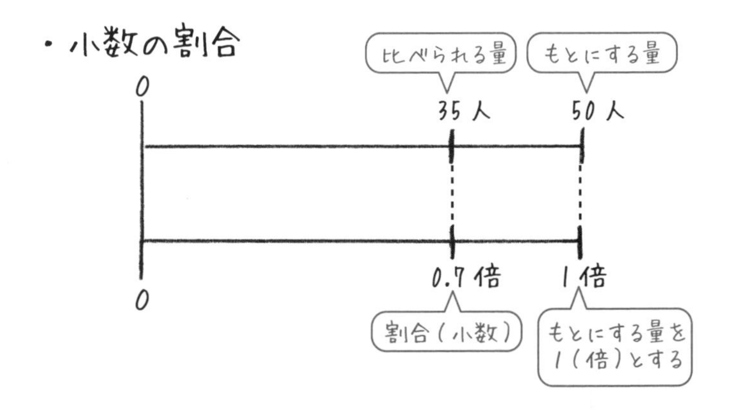

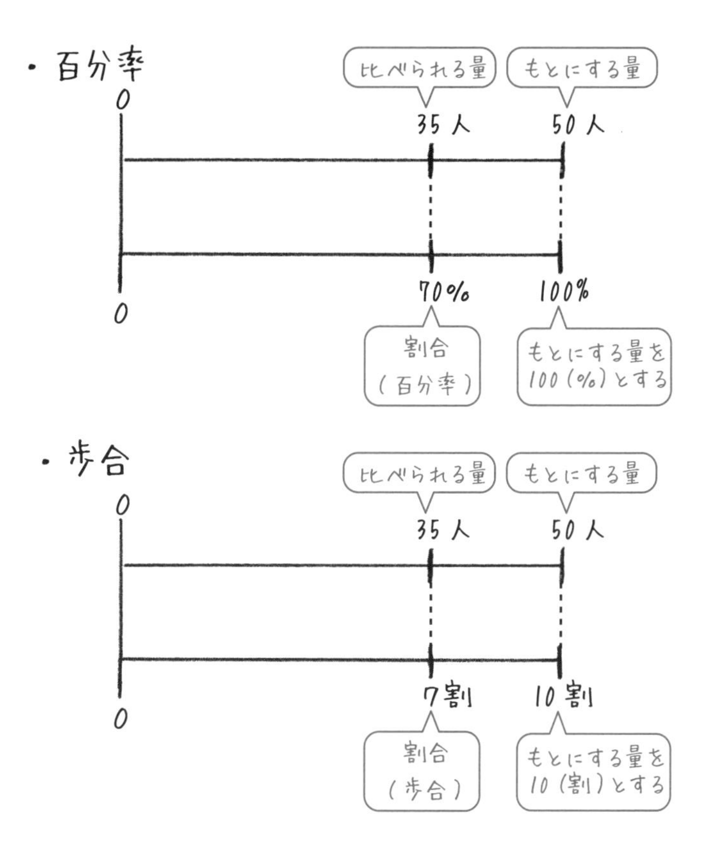

ところで、割合の表し方はなぜ、小数の割合、百分率、歩合の3種類があるのでしょうか。例えば、「すべて小数の割合に統一したほうがいいのでは？」という意見もあるかもしれません。

小数の割合だけでなく、百分率や歩合の表し方がある理由は2つ考えられます。それは、「**シンプルに表せるから**」と「**整数で表せるから**」ということです。どういうことか説明しましょう。

例えば、「生徒数が0.05倍増えた」と小数の割合で表すより、「生徒数が5％増えた」と言ったほうがシンプルですし、5％と整数で表しているのでわかりやすいです。

　また、「定価の 0.3 倍の値引きです」と小数の割合で表すより、「定価の 3 割引です」と言ったほうが、やはりシンプルですし、3 割と整数で表しているのでわかりやすいです。このような理由により、小数の割合だけでなく、百分率や歩合の表し方があるのだと考えられます。

　ところで、小学校で習う割合の表し方は、小数の割合、百分率、歩合の 3 種類ですが、他にも割合の表し方があります。例えば、千分率(せんぶんりつ)という割合があります。小数の割合の 0.001（倍）を、1‰（1 パーミル）と言います。千分率とは、パーミルで表した割合です。

　このように、割合にはさまざまな表し方があります。

百分率、歩合の問題はどうやって解けばいいの？

5年生〜

割合の問題を解くとき、次の「割合の３用法」を使って解くことは、すでに述べました。

【割合の３用法】

①割合 ＝ 比べられる量 ÷ もとにする量

②比べられる量 ＝ もとにする量 × 割合

③もとにする量 ＝ 比べられる量 ÷ 割合

百分率や歩合の問題も、この「割合の３用法」を使って解きます。しかし、ここで１つ注意点があります。それは、**「割合の３用法は、小数の割合だけに使える公式である」**ということです。ですから、**百分率や歩合を小数の割合に直してから、「割合の３用法」を使う必要があります。**具体的にどのように解くのか、まず百分率についての次の例題をみてください。

（例１） **次の□にあてはまる数を答えましょう。**

□ km は62 km の40％です。

先ほども述べた通り、割合の３用法は小数の割合だけに使える公式なので、まず百分率の40％を小数の割合に直しましょう。40％を小数の割合に直すと、40÷100＝0.4（倍）となります。そのうえで、割合、比べられる量、もとにする量を見分けると、次のようになります。

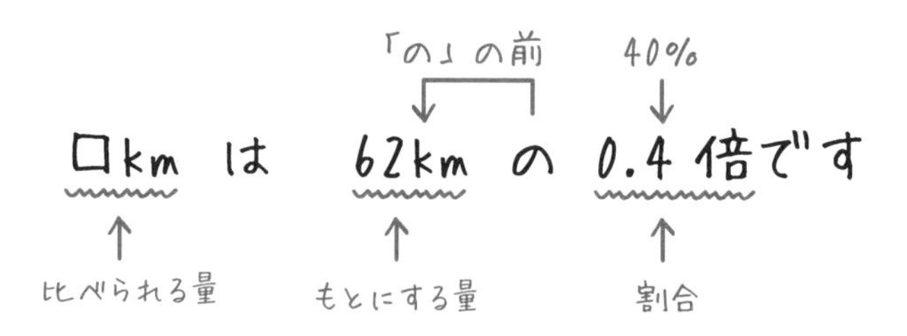

「比べられる量 ＝ もとにする量 × 割合」なので、

□ ＝62×0.4＝<u>24.8</u>（km）

と求まります。百分率のまま、公式にあてはめて、62×40と計算しないように注意しましょう。では、次に歩合についての例題をみてください。

（例2）　次の□にあてはまる数を答えましょう。
□円の8割7分5厘は840円です。

割合の3用法は小数の割合だけに使える公式なので、まず歩合の8割7分5厘を小数の割合に直しましょう。8割7分5厘を小数の割合に直すと、0.875（倍）となります。そのうえで、割合、比べられる量、もとにする量を見分けると、次のようになります。

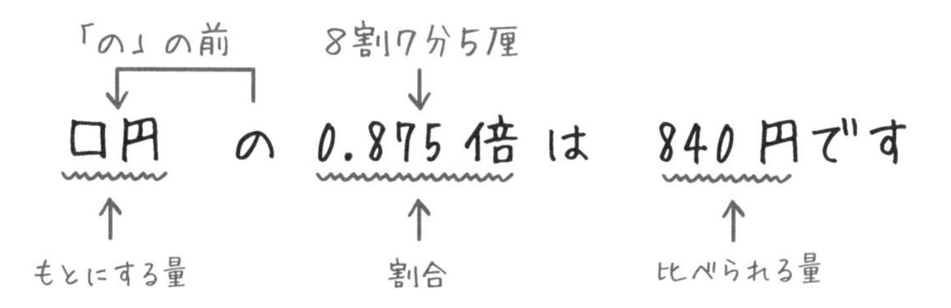

「もとにする量 ＝ 比べられる量 ÷ 割合」なので、

$\square = 840 \div 0.875 = \underline{960}$（円）

と求まります。

（例3）定価が2500円の商品がありましたが、売れなかったので、定価を3割引して売り値をつけました。売り値は何円ですか。

3割を、小数の割合に直すと0.3（倍）となります。「定価を3割引して売り値をつけた」というのは、「**定価を1倍としたとき、その0.3倍を値引きして売り値をつけた**」ということです。

1－0.3＝0.7（倍）なので、さらに言いかえると、「**定価の0.7倍が売り値**」だということができます。ここまでの説明の流れは、次のようになります。

定価を3割引して売り値をつけた ⇓ 定価を1倍としたとき、その0.3倍を値引きして売り値をつけた ⇓ 定価の（1－0.3＝）0.7倍が売り値

ここで、割合、比べられる量、もとにする量を見分けると、次のようになります。

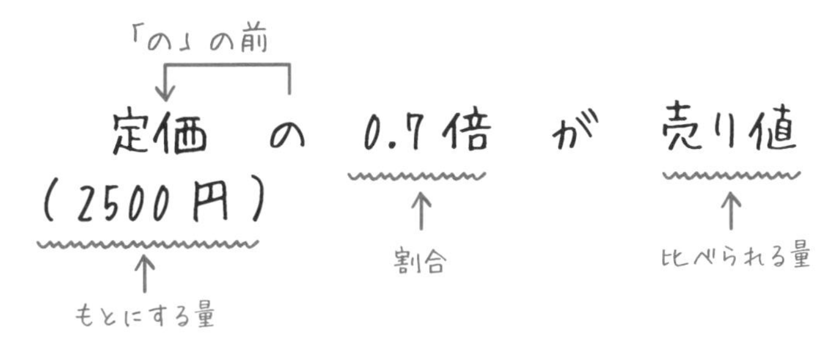

「比べられる量 ＝ もとにする量 × 割合」なので、売り値は

$$2500 \times 0.7 = \underline{1750}\text{円}$$

と求まります。

（例 3）の定価と売り値の関係を図に表すと、次のようになります。

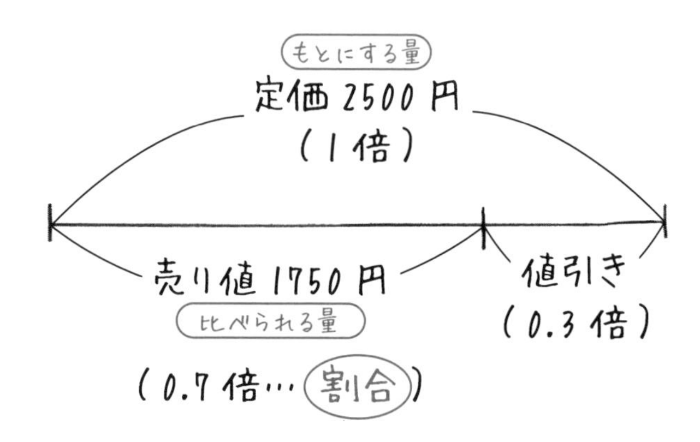

（例 3）では、値引き額を 2500 × 0.3 ＝ 750 円と求めてから、それを定価から引いて、2500 − 750 ＝ 1750 円と求める方法もあります。しかし、解説したように、2500 × 0.7 ＝ 1750 円と計算したほうがすばやく求められます。

今までみてきたように、百分率や歩合の問題で、割合の 3 用法を使うときは、小数の割合に直してから公式にあてはめるようにしましょう。

割合の計算が速くなる方法があるって本当？

5年生～

割合の問題を解くとき、小数を含む計算がややこしくなりがちです。そのため、計算式は合っていても、答えを間違ってしまった、というような経験がある生徒もいるのではないでしょうか。

割合の問題では、「小数点のダンス（p.96 ～）」を使うと、すばやく計算できる場合があります。例題を解きながら、説明していきましょう。

（例1）　次の□にあてはまる数を答えましょう。
9000円の7％は□円です。

まず、割合、比べられる量、もとにする量を見分けると、次のようになります。7%（百分率）は、小数の割合の0.07倍に直して考えましょう。

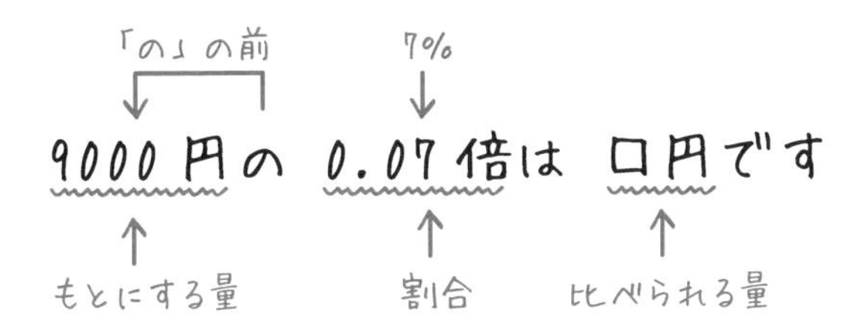

「比べられる量＝もとにする量×割合」なので、「9000 × 0.07」の計算をすれば、□が求められます。ただし、「9000 × 0.07」を筆算で計算するとややこしくなります。

ここで、「**小数点のダンス（かけ算）**」を思い出しましょう。**小数のかけ算では、小数点が左右逆の方向に、同じケタだけ移動（ダンス）**するのでしたね。この性質を使うと、次のようにかんたんに計算できます。

$$9000 \times 0.07 = 90.00. \times 0.07. = 90 \times 7 = 630$$

小数点が左右逆の方向に2ケタずつ移動

これにより、（例1）の答えが、630（円）と求められました。では、次の例題に進みましょう。

（例2） **次の□にあてはまる数を答えましょう。**
24Lは□Lの30％です。

まず、割合、比べられる量、もとにする量を見分けると、次のようになります。30％（百分率）は、小数の割合の0.3倍に直して考えましょう。

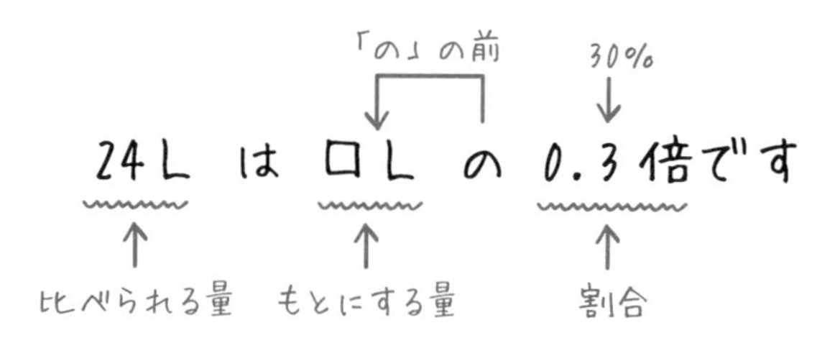

「もとにする量＝比べられる量÷割合」なので、「24 ÷ 0.3」の計算をすれば、□が求められます。ただ、「24 ÷ 0.3」を筆算で計算すると、少し手間がかかります。

ここで、「**小数点のダンス（割り算）**」を思い出しましょう。**小数の割り算では、小数点が左右同じ方向に、同じケタだけ移動（ダンス）**するのでしたね。この性質を使うと、次のようにかんたんに計算できます。

0を追加

$$24 \div 0.3 = 24.0 \div 0.3 = 240 \div 3 = 80$$

小数点がどちらも
右に1ケタずつ移動

これにより、（例2）の答えが、80（L）と求められました。

ここまでは、百分率の問題を解いてきましたが、次のような、歩合の問題でも、小数点のダンスを使って、速く計算できる場合があります。

（例3）　次の□にあてはまる数を答えましょう。
□haは400haの9割です。

まず、割合、比べられる量、もとにする量を見分けると、次のようになります。9割（歩合）は、小数の割合の0.9倍に直して考えましょう。

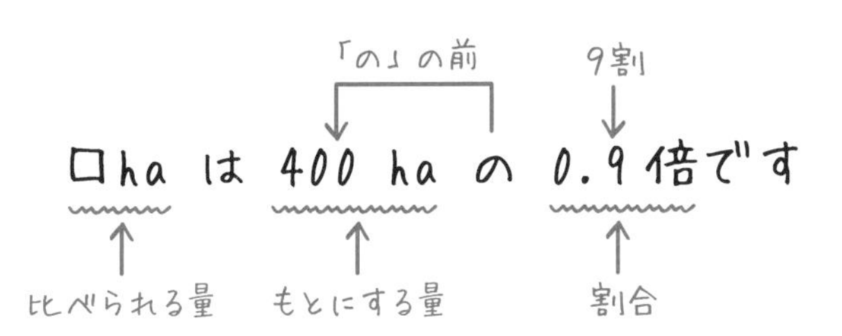

「比べられる量＝もとにする量×割合」なので、「400 × 0.9」の計算をすれば、□が求められます。ただし、「400 × 0.9」の筆算は少しややこしいですね。一方、**小数点のダンス（かけ算）**を使うと、次のようにかんたんに計算できます。

$$400 \times 0.9 = 40.0. \times 0.9. = 40 \times 9 = 360$$

小数点が左右逆の
方向に1ケタずつ移動

これにより、（例3）の答えが、360（ha）と求められました。

ここまでみてきたように、小数点のダンスを使えば、割合の計算をスムーズにできる場合があります。**慣れると暗算で計算できることも増えてくる**でしょう。割合の問題を、すばやく正確に解けるようになるためにも、ぜひマスターしましょう。

これで、第9章は終了です。「割合」について、できるだけわかりやすい解説になるよう工夫しましたが、いかがでしたでしょうか。割合の理解を少しでも深めていただけたなら幸いです。

第10章

比の「?」を解決する

比(ひ)って何?
割合と比ってどう違うの?
「比をかんたんにする」って何?
比の問題はどうやって解けばいいの?

比(ひ)って何?

6年生〜

例えば、3と5の割合を、**3:5**(読み方は3対(たい)5)と表すことができます。

このように表された割合を**比(ひ)**と言います。

そして、A:Bのとき、「A÷Bの答え」を、**比(ひ)の値(あたい)**と言います。

(例) 5:7の比の値を求めましょう。

5:7のとき、比の値は、$5 \div 7 = \frac{5}{7}$ です。

比の値を求めるとき、どっちをどっちで割ればいいか迷う生徒がいます。上の(例)なら、「5÷7」か「7÷5」か迷ってしまうということです。

比の記号の「:」に、1本の横棒をつけると「÷」になります。比の値を求めるには、次のように、「**比に1本の横棒をつけて計算すればよい**」と教えれば、迷わず比の値を求められるようになります。

5 : 7 の比の値

↓横棒をつけて計算する

$$5 \div 7 = \frac{5}{7}$$

比の値

次に、「比が等しい」とはどういうことか説明します。

例えば、3：5の比の値は、$3 \div 5 = \frac{3}{5}$ です。

また、6：10の比の値は、$6 \div 10 = \frac{6}{10} = \frac{3}{5}$ です。

つまり、3：5と6：10の比の値は、どちらも $\frac{3}{5}$ です。

このように、比の値が等しいとき、それらの**比は等しい**と言います。そして、「＝」を使って、「**3：5＝6：10**」のように表します。

等しい比には、次の2つの性質があります。

【等しい比の性質】

① A：Bのとき、AとBに同じ数をかけても、比は等しい。

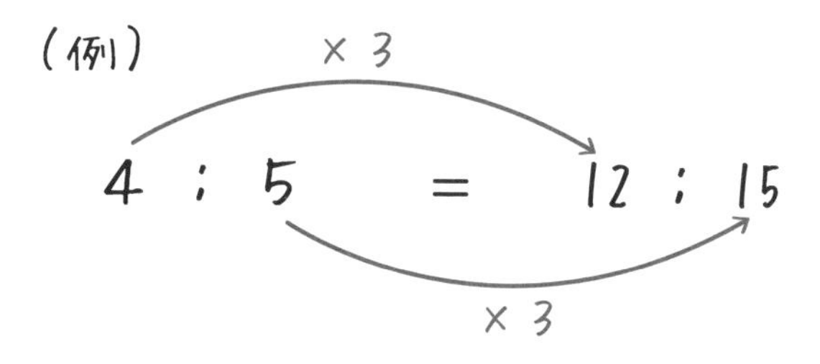

② A：Bのとき、AとBを同じ数で割っても、比は等しい。

(例)
÷5
15 : 20 = 3 : 4
÷5

例えば、A：Bの比の値は $\frac{A}{B}$ になります。分数 $\frac{A}{B}$ は、分子Aと分母Bに同じ数をかけても割っても、大きさは同じです。ですから、等しい比には、上の2つの性質が成り立ちます。

割合と比ってどう違うの？

6年生～

割合と比には、共通点と相違点があります。

p.261で述べた通り、割合は、2つの数を比べる手段です。一方、比も、3：4のように、2つの数を比べることができます。次の例題をみてください。

（例）　6は3の何倍ですか？

この例題を、まず割合の考え方で解いてみると、比べられる量の6をもとにする量の3で割って、割合が2倍と求まります。

次に例題を比の考え方で解いてみましょう。6と3の比は、6：3と表されます。そして、6：3の比の値を求めると、6÷3＝2倍と求められます。

〔割合の考え方〕

$$\underset{\text{比べられる量}}{\underline{6}} \div \underset{\text{もとにする量}}{\underline{3}} = \underset{\text{割合}}{\underline{2\,(\text{倍})}}$$

〔比の考え方〕

$$6 : 3 \longrightarrow 6 \div 3 = \underset{\text{比の値}}{\underline{2\,(\text{倍})}}$$

このように、**割合と比は「2つの数を比べられる」という点で共通**しています。大事なのは、**割合も比も「数を比べる手段」**なのだということです。割合と比を全く別の単元だと思っている生徒もいますが、そうではありません。

割合と比には違いもあります。割合は2つの数（もとにする量と比べられる量）を比べることはできますが、3つ以上の数を比べることはできません。

一方、比の場合は、3：4：5のように、3つ以上の数を比べることができます。

割合と比の共通点と相違点をおさえておきましょう。

「比をかんたんにする」って何？

6年生〜

p.291で述べた通り、等しい比には、次の2つの性質があります。

【等しい性質の比】

① A：Bのとき、AとBに同じ数をかけても、比は等しい

② A：Bのとき、AとBを同じ数で割っても、比は等しい

この性質を使って、**できるだけ小さい整数の比に直す**ことを、**比をかんたんにする**と言います。例題を解きながら、みていきましょう。

（例1）「24：30」の比をかんたんにしましょう。

（例1）は**整数どうしの比**です。整数どうしの比では、**比の両方の数の最大公約数で割れば、比をかんたんにすることができます。**ここでは、「**A：Bのとき、AとBを同じ数で割っても、比は等しい**」という性質を使います。

24と30の最大公約数は6です。24と30をそれぞれ6で割れば、次のように、かんたんな比にすることができます。

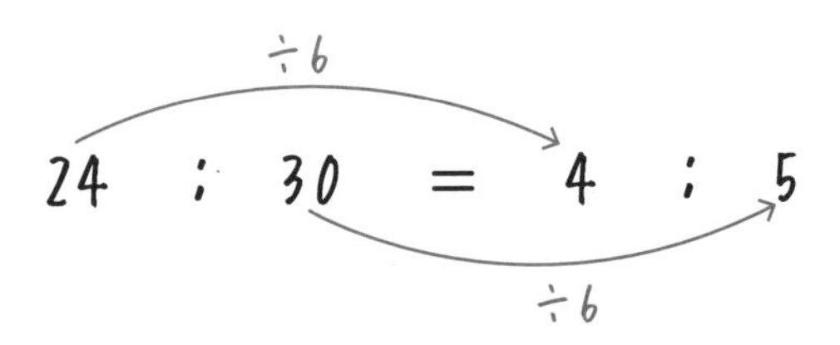

「24：30」を、かんたんな比の「4：5」に直しました。これは、$\frac{24}{30}$を約分して$\frac{4}{5}$にする場合と、解き方が似ていませんか？ $\frac{24}{30}$を約分するときも、30と24の最大公約数の6で割って、次のように求めました。

$$\frac{24}{30}=\frac{24\div6}{30\div6}=\frac{4}{5}$$

「比をかんたんにする」ことと、約分には共通点があることをおさえておきましょう。

（例2） 「8.1：6.3」の比をかんたんにしましょう。

（例2）は**小数どうしの比**です。小数どうしの比では、比の両方の数を、10倍、100倍、…して整数の比に直してから、かんたんにしましょう。ここでは、**「A：Bのとき、AとBに同じ数をかけても、比は等しい」**という性質も使います。

8.1：6.3の両方の数を10倍して、整数の比に直してから、かんたんにしましょう。

8.1 ： 6.3
＝8.1×10 ： 6.3×10 （それぞれ10倍する）
＝81 ： 63
＝81÷9 ： 63÷9 （81と63の最大公約数の9で割る）
＝9 ： 7

では、次の例題に進みましょう。

（例3）「1.28：0.88」の比をかんたんにしましょう。

（例 3）も**小数どうしの比**です。（例 2）では、両方の数を 10 倍しましたが、（例 3）の 1.28 と 0.88 を整数にするためには **100 倍**する必要があります。両方の数を 100 倍して、整数の比に直してから、かんたんにすると、次のようになります。

$$
\begin{aligned}
& 1.28 : 0.88 \\
&= 1.28 \times 100 : 0.88 \times 100 \\
&= 128 : 88 \\
&= 128 \div 8 : 88 \div 8 \\
&= \underline{16 : 11}
\end{aligned}
$$

それぞれ 100 倍する

128 と 88 の最大公約数の 8 で割る

次の例題に進みます。

（例4）「$\frac{4}{9}$ ： $\frac{8}{15}$」の比をかんたんにしましょう。

（例 4）は**分数どうしの比**です。分数どうしの比では、**両方の数の分母の最小公倍数をかけて、整数どうしの比に直してから、かんたんにしましょう。**

分母の 9 と 15 の最小公倍数は 45 なので、45（$=\frac{45}{1}$）をそれぞれの分数にかけると、次のように、比をかんたんにできます。

$$
\begin{aligned}
&\frac{4}{9} : \frac{8}{15} \\
&= \frac{4}{9} \times \frac{45}{1} : \frac{8}{15} \times \frac{45}{1} \\
&= \frac{4}{\cancel{9}_1} \times \frac{\cancel{45}^5}{1} : \frac{8}{\cancel{15}_1} \times \frac{\cancel{45}^3}{1} \\
&= 20 : 24 \\
&= 20 \div 4 : 24 \div 4 \\
&= \underline{5 : 6}
\end{aligned}
$$

9と15の
最小公倍数45(=$\frac{45}{1}$)をかける

約分する

20と24の
最大公約数の
4で割る

ここまで、整数どうし、小数どうし、分数どうしの比について、それぞれの比をかんたんにする方法について解説してきました。比の文章題の解答欄(かいとうらん)などには、**比をかんたんにした形で答えにする**ようにしてください。例えば、求められた比が「24：30」であっても、そのまま答えにせず、かんたんな比の「4：5」を答えにしましょう(「24：30」のまま答えにすれば、バツにされてしまいます)。

「比をかんたんにすることと、約分には共通点がある」と先ほど述べました。例えば、分数の計算などで、$\frac{4}{5}$に約分できるのに、$\frac{24}{30}$を答えにするとバツにされるのと同じような考え方です。気を付けましょう。

比の問題はどうやって解けばいいの？

6年生〜

（例）　次の□にあてはまる数を答えましょう。

5：7 ＝ 8：□

「5：7＝8：□」のように、**比が等しいことを表した式**を**比例式**（ひれいしき）と言います。比例式という用語は、小学校の教科書には載っていません。しかし、中1の教科書では習うので、小学生のうちから知っていてもよいでしょう。

比例式という用語は小学校では習いませんが、（例）のような問題は小学校の教科書に載っています。（例）には、2つの解き方があるのでみていきましょう。

【解き方その1　等しい比の性質を使う】

この解き方は小学校で習う方法です。p.291で述べた通り、等しい比には、次の2つの性質があります。

【等しい比の性質】

① A：Bのとき、AとBに同じ数をかけても、比は等しい

② A：Bのとき、AとBを同じ数で割っても、比は等しい

①の性質を使って、例題を解くことができます。まず、8を5で割って、8÷5＝1.6と求まります。同じように、7を1.6倍すると、□が求まります。ですから、□＝7×1.6＝<u>11.2</u>です。

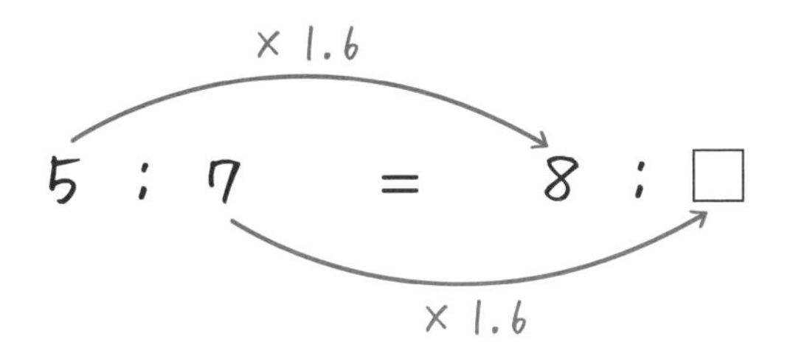

【解き方その２　内項（ないこう）の積と外項（がいこう）の積が等しい性質を使う】

この解き方は、中学１年生で習う方法です。しかし、小学生も理解できる方法なので、小学生のうちにマスターしておいたほうがよいでしょう。

比例式Ａ：Ｂ＝Ｃ：Ｄにおいて、比例式の内側のＢとＣを**内項**（ないこう）と言い、外側のＡとＤを**外項**（がいこう）と言います。そして、内項どうしをかけた数（Ｂ×Ｃ）と、外項どうしをかけた数（Ａ×Ｄ）は等しくなります。言いかえると、「**内項の積と外項の積は等しい**」ということです。

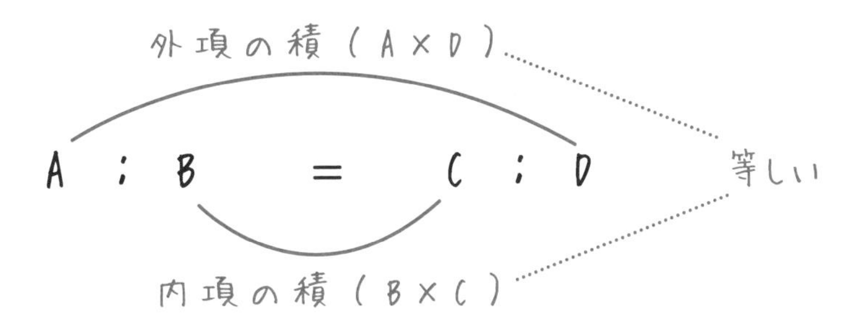

この性質を使って、例題を解くことができます。「5：7＝8：□」で、内項をかけると、7×8＝56です。外項の積も56になるので、5×□＝56です。だから、□＝56÷5＝11.2と求まります。

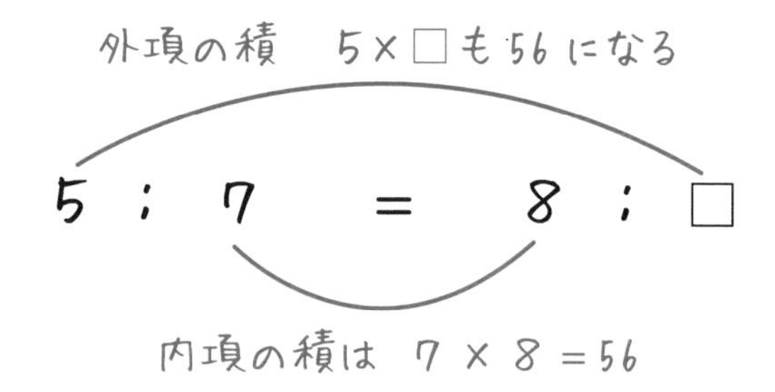

ここで、内項の積と外項の積が等しい理由について解説します。「A：B＝C：Dのとき、B×C＝A×D」が成り立つ理由は次の通りです（中学数学の知識が必要です）。

【内項の積と外項の積が等しい理由】

A：B＝C：Dのとき、A：BとC：Dの比の値は等しいから

$$\frac{A}{B}=\frac{C}{D}$$

両辺（イコールの左右）にB×Dをかけると

$$\frac{A}{B}\times B\times D=\frac{C}{D}\times B\times D$$

$$A\times D=B\times C$$

となります。だから、比例式の内項の積と外項の積は等しくなります。

上記のように、内項の積と外項の積が等しいことを証明するためには、中学数学の文字式の知識が必要となるので、この性質を中学校で習うのだと思います。しかし、「内項の積と外項の積は等しい」という性質自体は理解しやすいので、小学生のうちから知っていてよいでしょう。

比例式の問題によって、【解き方その1】のほうが解きやすい場合もあれば、【解き方その2】のほうが解きやすい場合もあります。ですから、どちらの方法もマスターすることをおすすめします。

第11章

比例と反比例の「？」を解決する

比例(ひれい)って何？

反比例(はんぴれい)って何？

比例と反比例の穴埋(あなう)め問題ってどう解くの？

比例(ひれい)って何？

6年生～

小学６年生で習う「比例(ひれい)と反比例(はんぴれい)」の単元について、さらっと学んでわかったつもりになる生徒がいます。しかし、比例と反比例はしっかりと学んでおく必要があります。なぜなら、その後の**中学、高校で習う数学の「入り口」とも言うべき単元**だからです。

比例と反比例で学ぶ内容は、数学の「関数」という分野につながっていきます。

具体的には、中学１年で「比例と反比例」をさらに詳しく学びます。そして、その内容は、中２で習う「１次関数」、中３で習う「$y=ax^2$」につながります。

さらに、高校数学の主要な単元である「２次関数」「三角関数」「指数関数」「対数関数」「微分・積分」「３次関数」につながっていきます。これらの単元は、大学受験の数学の頻出テーマでもあります。

数学の主要テーマである関数の入り口とも言える比例と反比例を、小学６年生で習うのです。**小学生のうちに、比例と反比例を得意にしておけば、中学校で習う関数についてもスムーズに学んでいける可能性が高い**です。

比例と反比例は、中学以降で習う理科にもよく出てきます。例えば、水溶液の溶質の量と濃度は比例します。また、電流の単元で、電熱線に流れる電流の強さは電圧に比例し、抵抗の大きさに反比例します。これはあくまでも一例で、他にも理科の多くの分野で、比例と反比例がよく出てきます。このように、算数や数学だけでなく、理科においても、比例と反比例をきちんと理解しておくことは大切なのです。

では、比例と反比例とは何でしょうか。まず、**比例**について解説します。

長方形を例にして考えます。例えば、たてが 5cm で、横が x cm の長方形の面積を y cm^2 とします。

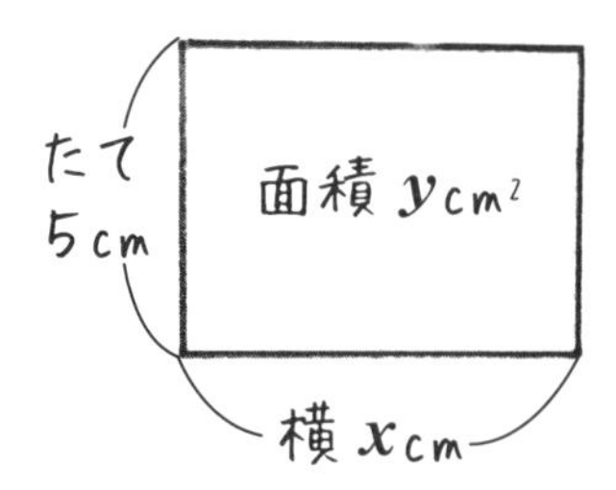

そして、x と y の関係を表にすると、次のようになります。

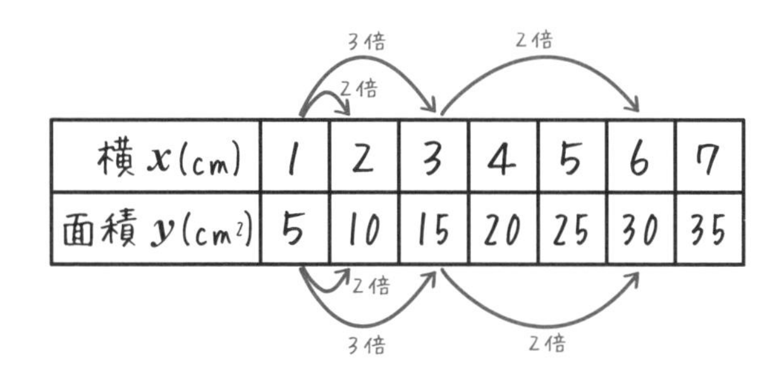

横 x(cm)	1	2	3	4	5	6	7
面積 y(cm^2)	5	10	15	20	25	30	35

このとき、上の表のように、x が 2 倍、3 倍、…になると、それにともなって、y も 2 倍、3 倍、…になっています。

このように、**2つの量xとyがあって、xが2倍、3倍、…になると、それにともなって、yも2倍、3倍、…になる**とき、「yはxに比例する」と言います。「比例の意味は何？」と聞かれたときに、この意味をちゃんと答えられるようにしておきましょう。

また、たてが5cmで、横が$x$cmの長方形の面積を$y$cm^{2}とするとき、たてと横の長さをかければ面積が求まります。ですから、次の式が成り立ちます。

$$y = 5 \times x$$

面積 = たて × 横

yがxに比例するとき、このように「y＝ 決まった数 × x 」という式が成り立ちます。上の式では、決まった数は5です。この「y＝ 決まった数 × x 」という比例の式も、しっかりおさえましょう。

では次に、比例のグラフについてみていきます。先ほどの「$y=5\times x$」について、xとyの関係を表した表（xの値が5までの表）を、もう一度みてみましょう。「$y=5\times x$」のxに0を入れると、$y=5\times 0=0$となります。ですから、「$x=0$、$y=0$」も、表に追加します。

横 x(cm)	0	1	2	3	4	5
面積 y(cm^2)	0	5	10	15	20	25

表を見ながら、方眼上に点をとると、次のようになります。**横軸は x** を表し、**たて軸は y** を表しています。

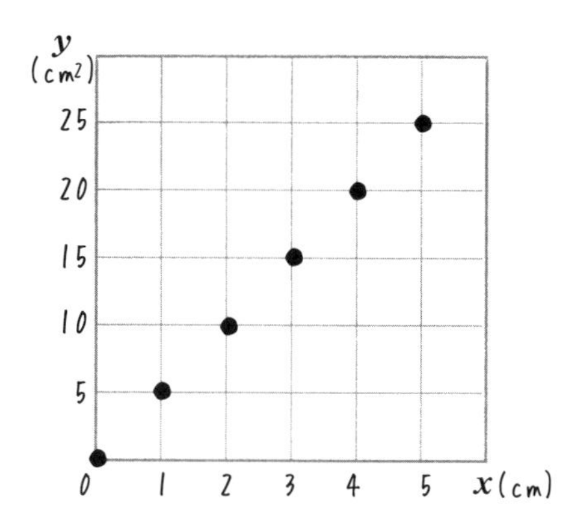

そして、点を直線でつなぐと、次のように、**$y = 5 \times x$ のグラフ**を描くことができます。

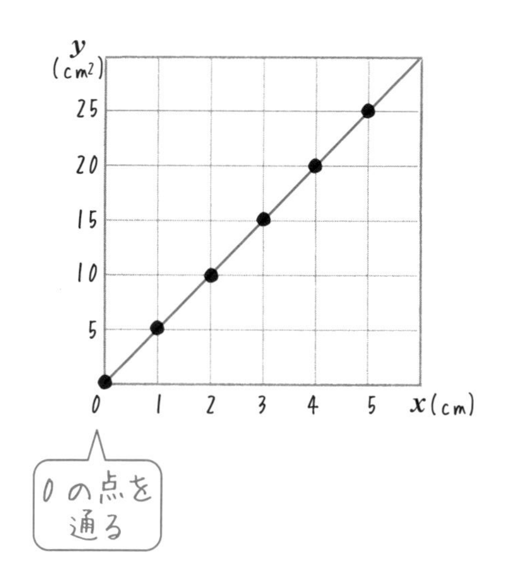

このように、比例のグラフは、**0 の点を通る直線**になります。0 の点

のことを**原点**と言います。

ところで、次の（ア）と（イ）のグラフは、比例のグラフだと思いますか？

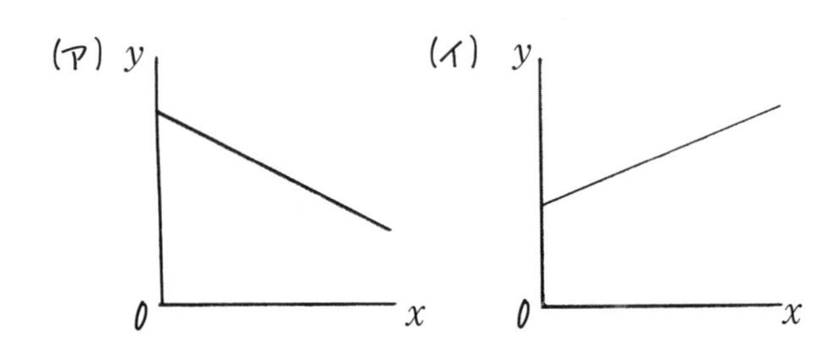

（ア）と（イ）のグラフは直線ですが、どちらも0の点（原点）を通っていません。だから、どちらも比例のグラフではありません。**「0の点を通る直線」が比例のグラフである**ことを理解しましょう。

（ア）と（イ）のグラフのように、0の点（原点）を通らない直線は、中学2年生で習う1次関数のグラフです。

小学生の段階では、比例とは何か、また比例の式とグラフはどうなるかを、しっかりおさえておくことをおすすめします。

反比例って何？

次に、**反比例**についてみていきましょう。

比例の場合と同じように、長方形を例にして考えます。例えば、たてが x cm で、横が y cm の長方形の面積を 18cm² とします。

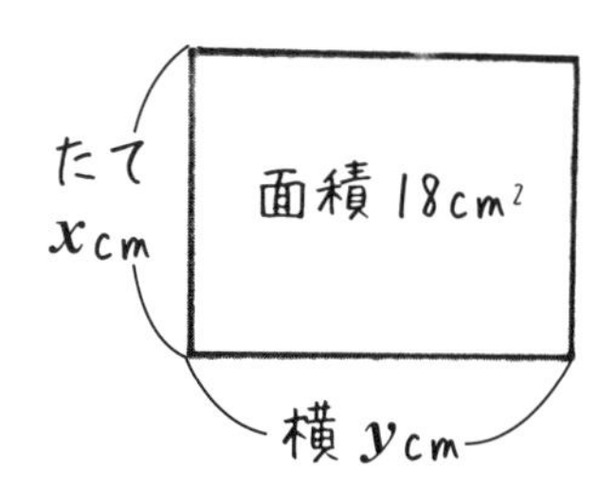

そして、x と y の関係を表にすると、次のようになります。

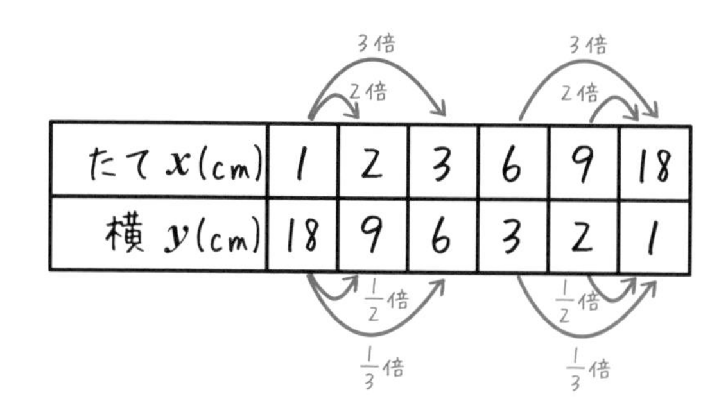

たて x(cm)	1	2	3	6	9	18
横 y(cm)	18	9	6	3	2	1

このとき、上の表のように、x が 2 倍、3 倍、…になると、それにと

もなって、yが$\frac{1}{2}$倍、$\frac{1}{3}$倍、…になっています。

このように、**2つの量xとyがあって、xが2倍、3倍、…になると、それにともなって、yが$\frac{1}{2}$倍、$\frac{1}{3}$倍、…になる**とき、「yはxに**反比例**する」と言います。「反比例の意味は何？」と聞かれたときに、この意味をちゃんと答えられるようにしておきましょう。

また、たてが$x$cmで、横が$y$cmの長方形の面積を18cm^{2}とするとき、面積をたての長さで割れば、横の長さが求まります。ですから、次の式が成り立ちます。

$$y = 18 \div x$$

横 ＝ 面積 ÷ たて

yがxに反比例するとき、このように「y ＝ **決まった数** ÷ x」という式が成り立ちます。上の式では、**決まった数**は18です。この「y＝ 決まった数 ÷ x」という反比例の式も、しっかりおさえましょう。

では次に、**反比例のグラフ**についてみていきます。先ほどの「$y=18\div x$」について、xとyの関係を表した表を、もう一度みてみましょう。

たて x(cm)	1	2	3	6	9	18
横 y(cm)	18	9	6	3	2	1

表を見ながら、方眼上に点をとると、次のようになります。

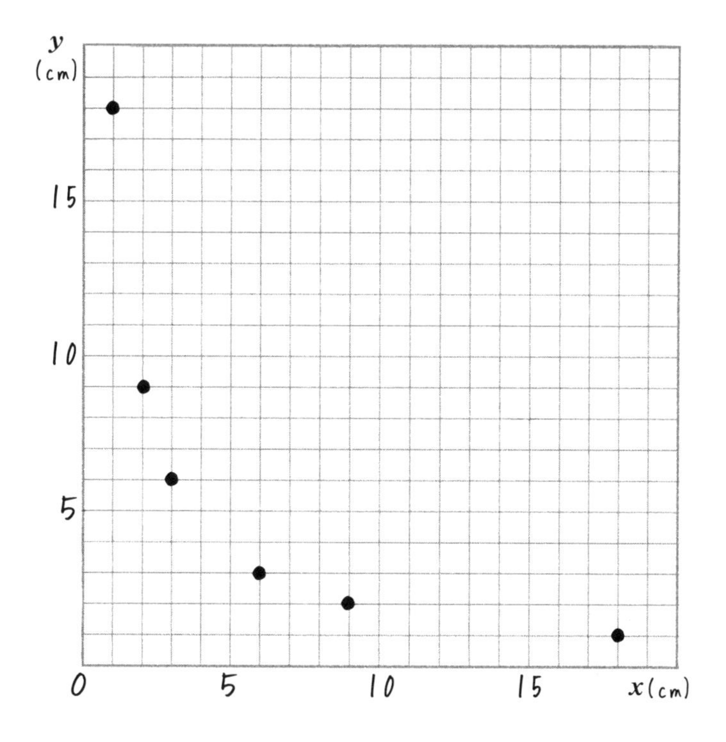

とった点をなめらかな曲線でつなぐと、次のページの図のように、$y=18 \div x$ のグラフを描くことができます。**定規を使わず、手描きで描くようにしましょう。**

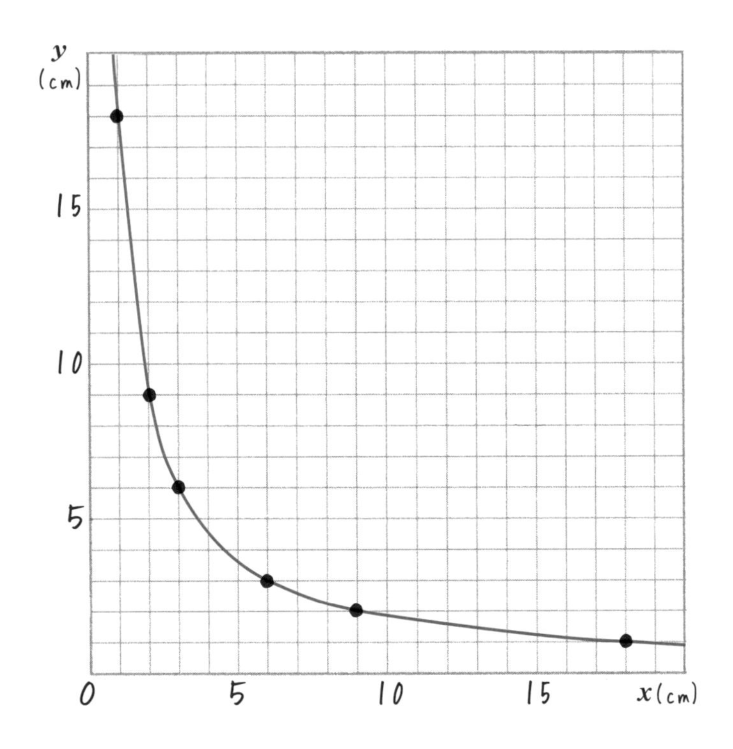

このように、反比例のグラフは、**なめらかな曲線**になります。

反比例のグラフを描くとき、方眼上に点をとった後、次のページの図のように、定規を使って、直線で点を結んでしまう生徒がいます（次のページのグラフは、「$y=8\div x$」のグラフを描こうとした場合です）。

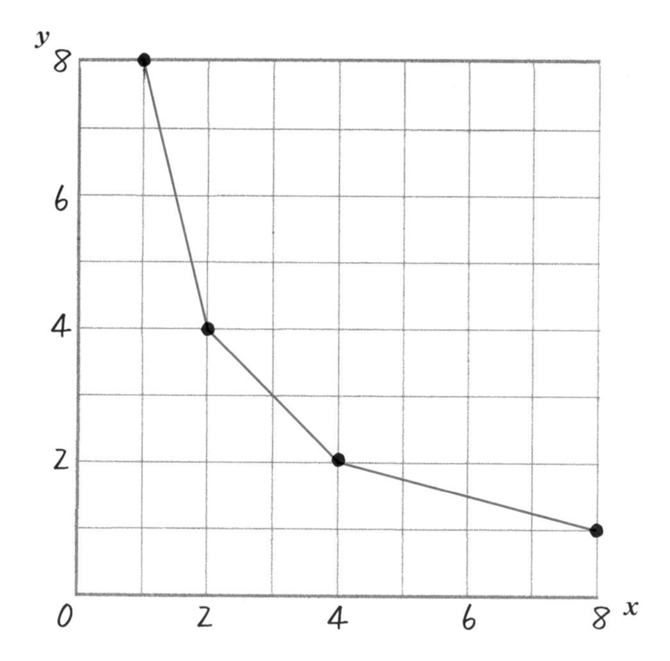

しかし、このように定規を使って描いてしまうと、テストなどでは△か × になってしまうので注意しましょう。

反比例のグラフはなめらかな曲線なので、**定規を使わず、手描きでなめらかな曲線を描くようにしてください。**

ここまで、比例と反比例について解説してきました。比例と反比例について、それぞれの意味と式、グラフについてまとめておきます。比例と反比例の特徴と違いをおさえておきましょう。

【比例と反比例の特徴】

	比　例	反　比　例
意味	2つの量 x と y があって x が 2倍、3倍、…になると y も 2倍、3倍、…になる関係	2つの量 x と y があって x が 2倍、3倍、…になると y が $\frac{1}{2}$倍、$\frac{1}{3}$倍、…になる関係
式	y = 決まった数 × x	y = 決まった数 ÷ x
グラフ	y 0 x 0の点を通る直線	y 0 x なめらかな曲線

比例と反比例の穴埋め問題ってどう解くの？

6年生～

比例と反比例について、表の穴埋め問題が出されることがあります。次の例題をみてください。

（例1） y が x に比例するとき、次の表の、ⓐとⓘにあてはまる数をそれぞれ答えましょう。

x	10	30	ⓘ
y	ⓐ	108	252

問題をみて、難しい印象をもった方もいるかもしれませんね。でも、解き方のコツを知れば、スムーズに求めることができます。

（例1）の問題文で、「y が x に比例する」と書かれています。ということは、「y ＝ **決まった数** × x」という式に表せるということです。まず、この「決まった数」を求めましょう。

表をみると、x と y がどちらもわかっているのは、「$x = 30$、$y = 108$」の部分だけです。この「$x = 30$、$y = 108$」を、「y ＝ **決まった数** × x」にあてはめましょう。

$$y = 決まった数 \times x \quad (y \leftarrow 108,\ x \leftarrow 30)$$

⇓

$$108 = 決まった数 \times 30$$

すると、「108＝決まった数×30」という式がみちびけます。この式から「**決まった数**」は、**108÷30＝3.6** だと求められます（6＝□×3という式なら、□＝6÷3＝2と求められるのと同じです）。

決まった数が3.6なので、（例1）の式は「y ＝3.6×x」だとわかります。

（例1）の式が「y＝3.6×x」であることをもとに、まず、ⓐにあてはまる数を求めましょう。「y＝3.6×x」で、xが10のときのy（ⓐ）を求めればよいので、「y＝3.6×x」のxに10を入れて計算すると、次のようになります。

「y＝3.6×x」のxに10を入れる

⇓

y＝3.6×10＝36 ……ⓐ

次に、ⓘにあてはまる数を求めましょう。「y＝3.6×x」で、yが252のときのx（ⓘ）を求めればよいので、「y＝3.6×x」のyに252を入れて計算すると、次のようになります。

「y＝3.6×x」のyに252を入れる

⇓

252＝3.6×x

⇓（6＝3×□ は□＝6÷3 に直せるから）

x＝252÷3.6＝70 ……ⓘ

（例1）の答え　ⓐ36、ⓘ70

ややこしく感じた方もいるかもしれませんが、必要なのは、次の3つの式だけです。

108 ÷ 30 ＝ 3.6 … 決まった数
3.6 × 10 ＝ 36 … ㋐
252 ÷ 3.6 ＝ 70 … ㋑

まとめると、（例1）の式が「$y = 3.6 \times x$」なので、次のように、**3.6 に x をかければ y が求められるし、y を 3.6 で割れば x が求められる**ということです。

x	10 ×3.6	30 ×3.6	㋑ ÷3.6
y	㋐	108	252

また、（例1）の式「$y = 3.6 \times x$」を変形すると、「$y \div x = 3.6$」になります（6 ＝ 2 × 3 という式が、6 ÷ 3 ＝ 2 に変形できるのと同じです）。つまり、（例1）の表で、$y \div x$ は、常（つね）に決まった数の 3.6 になります。

このように、**比例では、y を x で割ると「決まった数」になる**ことをおさえておきましょう。

x	10	30	70
y	36	108	252
$y \div x$	3.6	3.6	3.6

どれも 3.6（決まった数）になる

では、反比例の問題に進みましょう。

（例2） **y が x に反比例するとき、次の表の、㋒と㋓にあてはまる数をそれぞれ答えましょう。**

x	3	5	㋓
y	㋒	6	2.5

反比例の問題ですが、（例 1）と同じような考え方で解くことができます。

（例 2）の問題文で、「y が x に反比例する」と書かれています。つまり、「**y＝決まった数÷x**」という式に表せるということです。まず、この「決まった数」を求めましょう。

表をみると、x と y がどちらもわかっているのは、「$x = 5$、$y = 6$」の部分だけです。この「$x = 5$、$y = 6$」を、「**y＝決まった数÷x**」にあてはめてみましょう。

$$
\begin{array}{c}
6 \qquad\qquad\qquad\qquad 5 \\
\downarrow \qquad\qquad\qquad\qquad \downarrow \\
y = \text{決まった数} \div x \\
\Downarrow \\
6 = \text{決まった数} \div 5
\end{array}
$$

すると、「6 ＝決まった数÷ 5」という式がみちびけます。この式から「**決まった数**」は、**6 × 5 ＝ 30** だと求められます（2 ＝□÷ 3 という式なら、□＝ 2 × 3 ＝ 6 と求められるのと同じです）。

決まった数が 30 なので、（例 2）の式は「**y ＝ 30 ÷ x**」だとわかります。

（例2）の式が「$y = 30 \div x$」であることをもとに、まず、㋒にあてはまる数を求めましょう。「$y = 30 \div x$」で、x が3のときの y（㋒）を求めればよいので、「$y = 30 \div x$」の x に3を入れて計算すると、$y = 30 \div 3 = \underline{10}$（㋒）となります。

次に、㋓にあてはまる数を求めましょう。「$y = 30 \div x$」で、y が2.5のときの x（㋓）を求めればよいので、「$y = 30 \div x$」の y に2.5を入れると、「$2.5 = 30 \div x$」となります。これにより、$x = 30 \div 2.5 = \underline{12}$（㋓）だとわかります（$3 = 6 \div □$という式が、$□ = 6 \div 3$ に変形できるのと同じです）。

（例2）の答え　㋒10、㋓12

（例2）の答えを求めるのに必要なのは、次の3つの式だけです。

$6 \times 5 = 30$ … 決まった数
$30 \div 3 = 10$ … ㋒
$30 \div 2.5 = 12$ … ㋓

（例2）の式「$y = 30 \div x$」を変形すると、「$x \times y = 30$」になります（$3 = 6 \div 2$ という式が、$2 \times 3 = 6$ に変形できるのと同じです）。つまり、（例2）の表で、x と y をかけると、常に決まった数の30になります。

解き方の流れがつかめてきたのではないでしょうか。（例2）の表に「$x \times y$」の欄（らん）を追加すると、次のようになります。

x	3	5	12
y	10	6	2.5
$x \times y$	30	30	30

どれも30（決まった数）になる

このように、**反比例**では、x と y をかけると「決まった数」になることをおさえておきましょう。

第12章

場合の数の「?」を解決する

並(なら)べ方と組み合わせはどう違うの?
場合の数の問題をスムーズに解く方法ってあるの?
組み合わせの求め方は他にもあるの?

並(なら)べ方と組み合わせはどう違うの？

6年生～

場合の数とは、**「あることがらが起こるのが全部で何通りあるか」**ということです。場合の数も「比例と反比例」同様、中学以降で習う数学につながる内容です。具体的には、数学の「確率」という分野につながっていきます。

場合の数は、大きく「並(なら)べ方」と「組み合わせ」の2つに分けられます。**場合の数の単元では、「並べ方」と「組み合わせ」をきちんと区別できるようになることが一番大事**です。この2つがどう違うか解説していきます。次の例題をみてください。

（例） **次の問いに答えましょう。**
（1）5人の中から2人並べる並べ方は何通りですか。
（2）5人の中から2人選ぶ選び方は何通りですか。

例題の（1）と（2）の答えは同じだと思いますか？　それとも、違うと思いますか？　答えは、「違う」です。**「並べる並べ方」と「選ぶ選び方」だけの違いですが、答えがかわってくる**のです。

「並べる」、「選ぶ」という言葉を、私たちは普段の生活で区別して使っていますが、算数の問題になると、その区別が「？」となってしまう方もいるでしょう。

（例）で、（1）は**並べ方**の問題で、（2）は**組み合わせ（選び方）**の問題です。小学校の算数では、この2つの区別を教わります。小学校で教わるにもかかわらず、この区別を理解できていない人が多いです。ですから、この機会に、「並べる」と「選ぶ（組み合わせ)」の違いを、しっかりとおさえておきましょう。

では、(1) と (2) の答えが違う理由を解説していきます。まず、(1) の、「5人の中から2人並べる並べ方は何通りか」を考えていきましょう。この5人を、A、B、C、D、Eとします。AからEの5人の並べ方をすべて書き出してみると、次のようになります。

(A、B)、(A、C)、(A、D)、(A、E)、
(B、A)、(B、C)、(B、D)、(B、E)、
(C、A)、(C、B)、(C、D)、(C、E)、
(D、A)、(D、B)、(D、C)、(D、E)、
(E、A)、(E、B)、(E、C)、(E、D)

この20通りが、「5人の中から2人並べる並べ方」です。(1) の答えは20通りであることがわかりました。

次に、(2) の「5人の中から2人選ぶ選び方は何通りか」を考えていきます。まず、A、Bの2人だけに注目しましょう。2人だけに注目すると、(1) の「並べ方」では、(A、B) と (B、A) の2通りがありました。しかし、(2) の「組み合わせ（選び方)」では順序は関係ないので、(A、B) の1通りだけになります。

【A、B 2人の並べ方と組み合わせ】

並べ方	(A、B) (B、A)	2通り
組み合わせ	(A、B)	1通り

ここで、「並べ方」と「組み合わせ（選び方）」の違いを知ることができます。つまり、**「並べ方」は順序を考えるが、「組み合わせ（選び方）」は順序を考えない**ということです。

「並べ方」　→　順序を考える
「組み合わせ」　→　順序を考えない

「場合の数」の問題を解く際は、その問題が、「並べ方」の問題なのか、「組み合わせ」の問題なのかを、きちんと確認した上で解く必要があります。つまり、**順序を考えるかどうかを見きわめて解けばよい**ということです。

さて、(2) に戻りましょう。「5人の中から2人選ぶ選び方は何通りか」を求める問題でした。「組み合わせ（選び方）」では、順序が関係しないことをふまえつつ、すべての組み合わせを書き出すと、次のようになります。

(A、B)、(A、C)、(A、D)、(A、E)、
(B、C)、(B、D)、(B、E)、
(C、D)、(C、E)、
(D、E)

この10通りが、「5人の中から2人選ぶ選び方」です。これで、(2) の答えは10通りであることがわかりました。

「並べ方」は、順序を考えるが、「組み合わせ」は、順序を考えないということがポイントです。この点が、「場合の数」の単元で一番大切なところなのですが、さらっと学習するだけでは、このポイントを見逃すことがあるので注意しましょう。

場合の数の問題を スムーズに解く方法ってあるの？

6年生〜

ひとつ前の項目で解いた問題を、もう一度みてみましょう。

（例） **次の問いに答えましょう。**

（1）5人の中から2人並べる並べ方は何通りですか。

（2）5人の中から2人選ぶ選び方は何通りですか。

(1) では、5人を、[A]、[B]、[C]、[D]、[E]として、2人並べる並べ方をすべて書き出して、20通りと求めました。ただ、このすべて書き出す作業を大変に感じた方もいるかもしれません。

(1) は、もう少し楽に解くこともできるので、解き方を紹介します。5人の中から2人並べる並べ方のなかで、[A]が左にくる並べ方は、次の4通りありました。

【[A]が左にくる並べ方】

([A]、[B])、([A]、[C])、([A]、[D])、([A]、[E]) の4通り

ここで、[B]が左にくる並べ方が何通りあるか考えてみましょう。同じく4通りですね。同じように考えていくと、[A]、[B]、[C]、[D]、[E]が左にくる並べ方はそれぞれ4通りずつあります。ですから、5人の中から2人並べる並べ方は、全部で $4 \times 5 = 20$ 通りあるということです。

Aが左にくる並べ方	4通り	5人の中から2人並べる並べ方は全部で$4 \times 5 = $20通り
Bが左にくる並べ方	4通り	
Cが左にくる並べ方	4通り	
Dが左にくる並べ方	4通り	
Eが左にくる並べ方	4通り	

この解き方なら、すべての場合を書き出さずに解けるので、速く解くことができます。

(2) に進みましょう。「5人の中から2人選ぶ選び方は何通りですか」という問題ですが、ひとつ前の項目では、5人の中から2人選ぶ選び方をすべて書き出して、10通りと求めました。

(2) も、よりスムーズに解く方法があるので紹介します。並べ方では、(A、B) と (B、A) を区別して2通りとすると述べました。一方、**組み合わせ（選び方）では、区別せず1通りとするのでしたね。**

並べ方では、(A、B) と (B、A) だけでなく、(B、C) と (C、B)、(C、E) と (E、C) など、すべて区別して、それぞれ2通りとします。一方、組み合わせ（選び方）では、それらをすべて区別せず、それぞれ1通りとするのです。**2組の並べ方を、すべて、1組の組み合わせ（選び方）と考えるので、すべての並べ方（20通り）を2で割れば、すべての組み合わせ（選び方）が求められる**ということです。つまり、「5人の中から2人選ぶ選び方」は、$20 \div 2 = 10$通りということです。

組み合わせ（選び方）をすべて書き出すのは時間がかかりますが、1つの式（$20 \div 2 = 10$通り）で計算すれば、すばやく正確に答えを求められますね。場合の数の問題をスムーズに解くためにおさえておきましょう。

組み合わせの求め方は他にもあるの？

6年生～

p.320 の例題の（2）は、「5 人の中から 2 人選ぶ選び方は何通りか」を求める組み合わせの問題でした。p.322 では、Ⓐ、Ⓑ、Ⓒ、Ⓓ、Ⓔの 5 人の中から 2 人選ぶ選び方（組み合わせ）をすべて書き出して、10 通りと求めましたが、他にも面白い求め方が 2 つあるので、紹介しましょう。

まず、1 つめの方法から解説します。次のように、A、B、C、D、E の 5 つの点を描いてください。

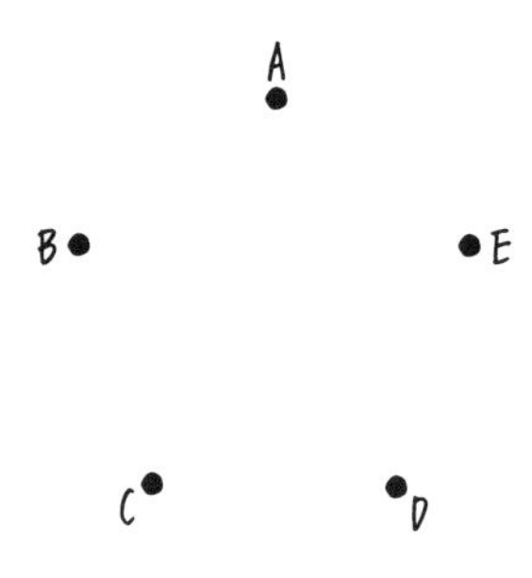

そして、この 5 点を結ぶすべての直線を描きこむと、次のようになります。

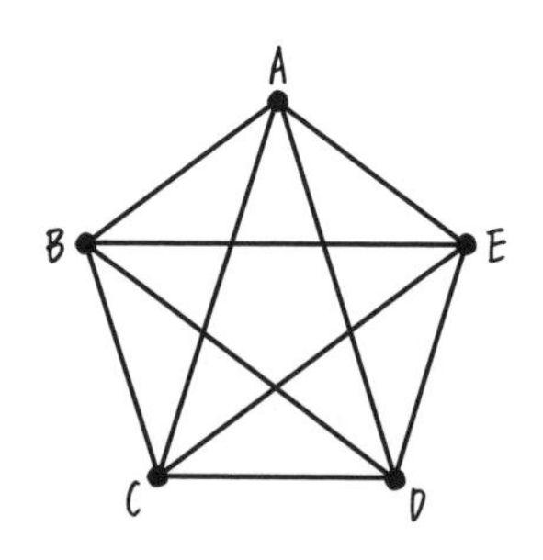

全部で10本の直線が引けました。

「5点の中から2点を選んで、直線を引く引き方」が10通りということです。つまり、「5点の中から2点を選ぶ選び方」が10通りということなので、**「5人の中から2人選ぶ選び方」**も10通りであると求まります。

また、次のように、表を使う求め方もあります。

	A	B	C	D	E
A			※		
B					
C	※				
D					
E					

これは、サッカーなどのリーグ戦（総当たり戦）で使われる対戦表です。リーグ戦とは、「すべての参加チームが、1回ずつ他の全チームと対戦する形式」のことです。例えば、図の2つの※は、AとCの対戦を表します（どちらも同じ1試合を表しています）。

この表は、A、B、C、D、Eの5チームでのリーグ戦を表しているということもできます。そして、この5チームでおこなわれる試合に、○をつけると次のようになります。

	A	B	C	D	E
A		○	○	○	○
B			○	○	○
C				○	○
D					○
E					

10 個の○をつけることができました。つまり、10 試合おこなわれることになります。

「**5 チームから 2 チームを選んで対戦する試合**」が 10 通りあるということです。つまり、「5 チームから 2 チームを選ぶ選び方」が 10 通りということなので、「**5 人の中から 2 人選ぶ選び方**」も 10 通りとわかるのです。

組み合わせの 2 つの求め方について解説しました。これら 2 つの求め方は、組み合わせの本質を理解するために有効なので、紹介しました。このように、算数では、**図や表を使って考えると、理解が深まること**が多いものです。頭の中や計算式だけで考えて困った時には、図や表にして考えてみるとよいでしょう。

データの調べ方の「?」を解決する

代表値とドットプロットって何?
2020年度から、小6で代表値とドットプロットを習う理由は何?
度数分布表と柱状グラフって何?

代表値(だいひょうち)とドットプロットって何？

6年生～

代表値についてはご存知の方もいるかもしれませんが、ドットプロットについては聞いたこともないという人も多いのではないでしょうか？

どちらの用語も、2020 年度からの新学習指導要領によって、小学 6 年生の算数の範囲に加わりました。

「はじめに」でも述べた通り、**新学習指導要領によって、本作（増補改訂版）に、この第 13 章を新設**しました。小学 6 年生の教科書には、もともと「データの調べ方」に類する単元があったのですが、2020 年度から、その単元の内容が拡充されたのです。具体的には、例えば、「代表値」という用語は、前の学習指導要領では、中学 1 年生の範囲だったのですが、それが小学 6 年生の範囲になりました。

本題に入りますが、そもそもデータとは何なのでしょう？　日常でもよく使われる言葉ですが、お子さんに「データって何?」と聞かれて、正確に答えることができるでしょうか。

データとは、**調査や実験などによって得られた数や量の集まり**のことです。例えば、A ～ H の 8 人に、5 問のクイズを出したところ、それぞれの正解数は、次のようになったとしましょう。

【8人のクイズの正解数】

A　3問	B　1問	C　3問	D　0問	E　2問
F　5問	G　3問	H　1問		

この8人のそれぞれの結果の「3問　1問　3問　0問　2問　5問　3問　1問」をまとめて、データと言うのです。そして、データの中のひとつひとつの結果（例えば、Aの正解数の3問）を、**データの値**と言います。ここで、この8人のデータについて、次の例題をみてください。

（例）　上のデータ（A～Hの8人の正解数）について、次の問いに答えましょう。

（1）8人の正解数の平均値を求めましょう。

（2）8人の正解数の中央値を求めましょう。

（3）8人の正解数の最頻値を求めましょう。

（4）8人の正解数のデータを、ドットプロットに表しましょう。

(1) は、8人の正解数の平均値を求める問題です。**「データの値の合計」を「データの値の個数」で割ったもの**が、**平均値**です。

まず、データの値の合計を求めましょう。8人の正解数の合計を求めると、次のようになります。

A		B		C		D		E		F		G		H			
3	+	1	+	3	+	0	+	2	+	5	+	3	+	1	=	18(問)	

これにより、データの値の合計（8人の正解数の合計）は、18問と求められました。その18問を、データの値の個数（8）で割ると、次のように平均値が求められます。

18 ÷ 8 ＝ 2.25（問）

データの値の合計　データの値の個数　平均値

(1) の答え　2.25問

(2) は、8人の正解数の中央値を求める問題です。**データを値の小さい順に並べたとき、中央にくる値**を、**中央値**、または**メジアン**と言います。

データの個数が偶数（この問題では8）の場合、次のように、**中央に2つの値が並びます**（この場合、2と3)。

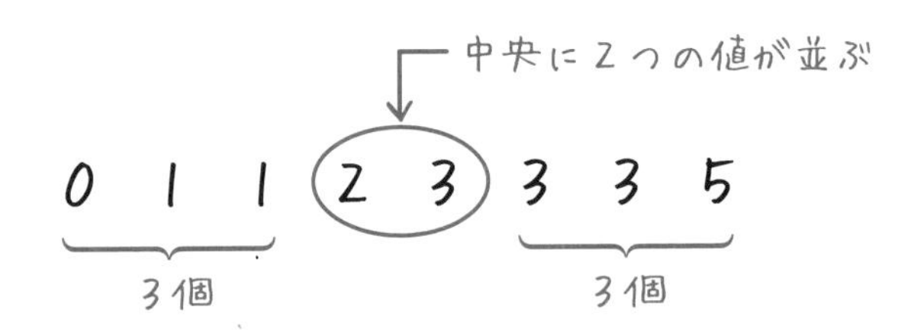

このような場合、**中央の2つの値の平均値を、中央値とする**ようにしましょう。2と3の平均値を求めると、次のようになります。

(2 ＋ 3) ÷ 2 ＝ 2.5（問）

合計　個数

(2) の答え　2.5問

データの値の個数が奇数の場合は、よりかんたんに中央値を求められます。例えば、同じデータで、Hがいないとして、A～Gの7人（奇数）での中央値を求めてみましょう。

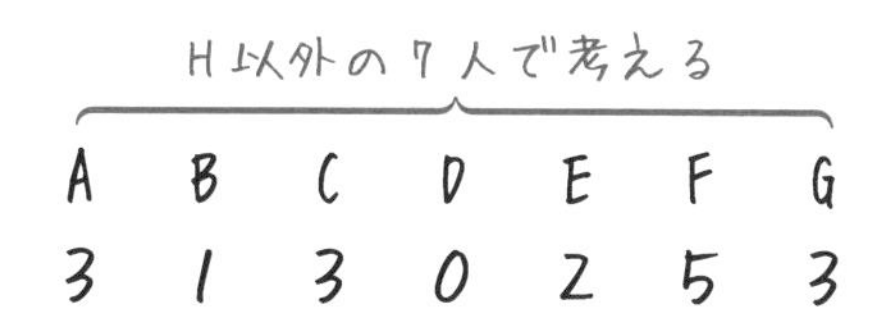

このとき、A～Gの7人のデータを小さい順に並べて、中央値を求めると、次のようになります。

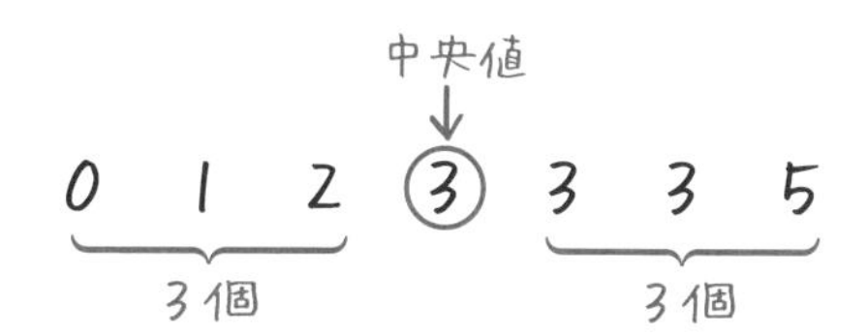

7人（A～G）のデータの中央値は、3問ということです。このように、**データの値の個数が奇数の場合は、中央の1つの値を、そのまま中央値にすればよい**のです。

(3) は、8人の正解数の最頻値を求める問題です。**データの値の中で、最も個数の多い値**を、**最頻値**、または**モード**と言います。データを小さい順に並べて、最頻値を調べると、次のようになります。

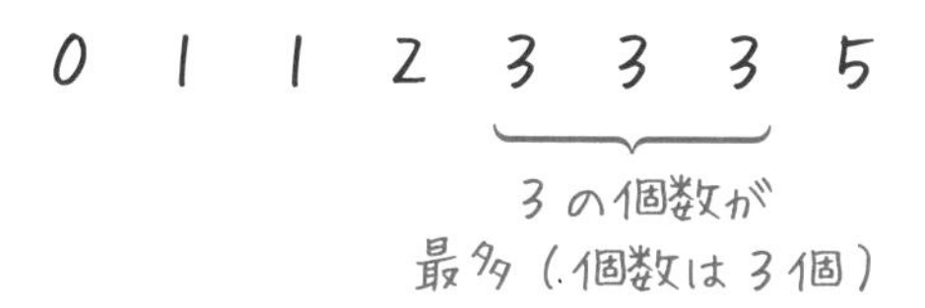

(3) の答え　3問

ここまでの小問で、「**3問　1問　3問　0問　2問　5問　3問　1問**」というデータの、平均値は2.25問、中央値は2.5問、最頻値は3問と求められましたね。

データ全体の特徴を、1つの数値で表すとき、その数値を代表値と言います。代表値には、平均値、中央値、最頻値などがあります。

代表値
- 平均値
- 中央値
- 最頻値
- ⋮

では、次の小問に進みましょう。

(4) は、8人の正解数のデータを、ドットプロットに表す問題です。ドットプロットの描き方について説明していきます。このデータで、一番小さい値は0問、一番大きい値は5問なので、まず、次のような数直線（数を対応させて表した直線）を描きましょう。

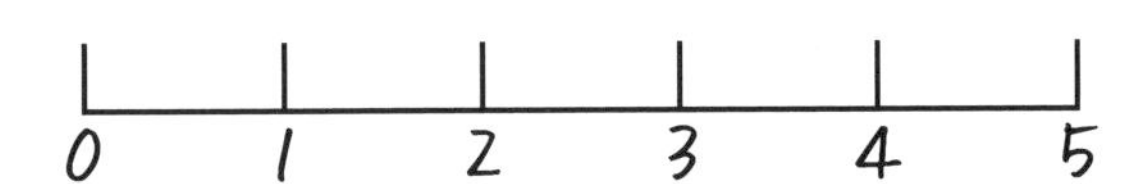

この例題のデータは「3問　1問　3問　0問　2問　5問　3問　1問」です。0問が1人、1問が2人、2問が1人、3問が3人、5問が1人なので、それぞれの人数を、点（ドット）として、先ほどの数直線に描きこむと、次のようになります。

（4）の答え

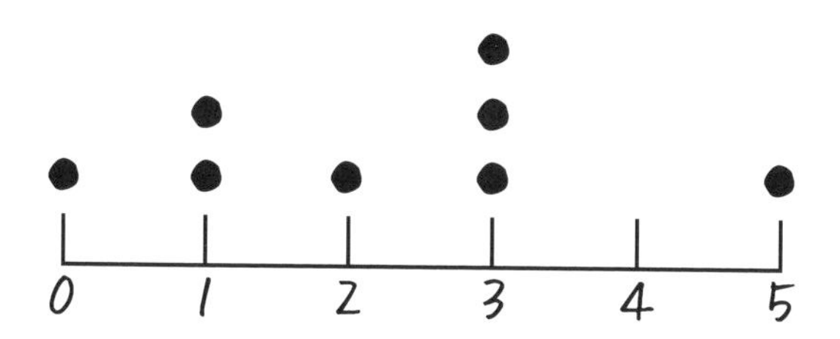

これで、ドットプロットが完成しました。このように、**数直線上に、データを点（ドット）で表した図**を、**ドットプロット**と言います。

データをドットプロットに表すことによって、**データの値のちらばりが目に見えるかたちでわかりやすくなる**という長所があります。また、ドットプロットを見ると、最頻値が3問（人数が3人で最多）であることもすぐにわかります。

2020年度から、小6で代表値とドットプロットを習う理由は何？

親御さん向け

先述した通り、**代表値（平均値、中央値、最頻値）**はもともと中学1年生の範囲だったのですが、2020年度からの新学習指導要領によって、小学6年生の範囲になりました。一方、**ドットプロット**については、これまで中学数学の教科書にも載（の）っていなかったのですが、今回、新しい用語として、小6の範囲に加わりました。

ではなぜ、代表値やドットプロットが、小6の範囲に加わって「データの調べ方」の内容が、より拡充したのでしょうか？　文部科学省の新学習指導要領解説には、次のような記述があります。

> 社会生活などの様々な場面において、必要なデータを収集して分析し、その傾向を踏まえて課題を解決したり意思決定をしたりすることが求められており、そのような能力を育成するため、高等学校情報科等との関連も図りつつ、小・中・高等学校教育を通じて統計的な内容等の改善について検討していくことが必要である。
>
> 出典：【算数編】小学校学習指導要領（平成29年告示）解説（文部科学省）

ビッグデータ（ＩＴ技術などから得られる巨大なデータ）という言葉に代表されるように、データ社会とも言える状況が、現在、急速に拡（ひろ）がっています。このような背景をふまえて、新学習指導要領によって、データについての教育を、より充実させようという意図があるのでしょう。

データの使い方を扱う学問を、**統計学**と言います。その意味で、**小6**

で習う**「データの調べ方」は、統計学の第一歩**と言えるでしょう。小学校だけでなく、中学校や高校の数学教育においても、統計的分野をより充実させていこうという時代の流れがあります。

具体的には、2021年度からの中学校の新学習指導要領では、「累積度数」という用語や、従来は高校数学の範囲だった「四分位範囲」「箱ひげ図」などの用語が、中学数学の「データの活用」の単元に加わりました。

また、2022年度からの高校の新学習指導要領では、数Ⅰで「外れ値」という用語や、「仮説検定」という考え方を新たに学ぶことになりました。

お子さんが社会に出る頃には、現在以上に膨大なデータ社会が築かれていることが容易に想像できます。そのような社会で生きていくには、まず、数多あるデータの中から、自分が欲しいデータを見つけ出す力が必要となります。そして、そのデータを正しく分析し、何を意味するか正確に把握しなければなりません。このように、データを処理する力は、今後ますます重要になってくるでしょう。

さらに拡がるデータ社会の中で、力強く生きていくために、小学生のうちから統計学の基礎の基礎を学んでおくことに意味があります。

度数分布表と柱状グラフって何？

6年生～

まずは、次のデータをみてください。

（例）次のデータは、20人の生徒のソフトボール投げの結果です。

19m 28m 22m 34m 15m 12m 20m 23m 28m 16m

29m 17m 25m 14m 19m 20m 30m 24m 31m 22m

もし、あなたが体育の先生だったら、（例）のデータを見てどう思いますか。

「このままでは結果がばらばらで見にくいし、結果の分布がわかりにくい」と思うのではないでしょうか。こんなとき、データを、表やグラフにするとわかりやすくなります。

まず、データを、表にする方法を考えましょう。表にはさまざまな種類がありますが、ここで習うのは、**度数分布表**です。20 人のソフトボール投げの結果を、度数分布表に整理したものが、次の**表 1** です。

表 1

投げた距離（m）	人数（人）
10 以上 ～ 15 未満	2
15 ～ 20	5
20 ～ 25	6
25 ～ 30	4
30 ～ 35	3
合　計	20

度数分布表に関して、次の用語の意味をおさえましょう。

【度数分布表に関する用語】

- 階　級 … 区切られたそれぞれの区間（**表１**では、15m以上20m未満など）
- 階級の幅 … 区間の幅（**表１**の階級の幅は、5m）
- 度　数 … それぞれの階級に含まれるデータの値の個数（**表１**で、例えば、20m以上25m未満の度数は、6）
- 度数分布表 … **表１**のように、データをいくつかの階級に区切って、それぞれの階級の度数を表した表

ばらばらに散らばったデータの値を、度数分布表に整理することで、**結果の分布がわかりやすく**なりましたね。**表１**の度数分布表から「**20m以上25m未満の人数が多い**」、「**10m台から30m台にかけて分布している**」といったことも読み取ることができます。

データを度数分布表に整理するときに、１つ注意点があります。「**以上**」と「**未満**」**の意味をきちんとおさえよう**、ということです。例えば、「**20m以上**」は「**20mと等しいか、20mより大きい**」という意味です。一方、例えば、「**25m未満**」は「**25mより小さい（25mは含まない）**」という意味です。

ですから、データの値の「20m」は、「20m以上25m未満」の階級に入ります。一方、「25m」は、「25m以上30m未満」の階級に入ります。

ところで、**表１**の度数分布表をもとにして、次のように、グラフとして表すこともできます。横軸はソフトボールを投げた距離を、たて軸は

人数をそれぞれ表しています。

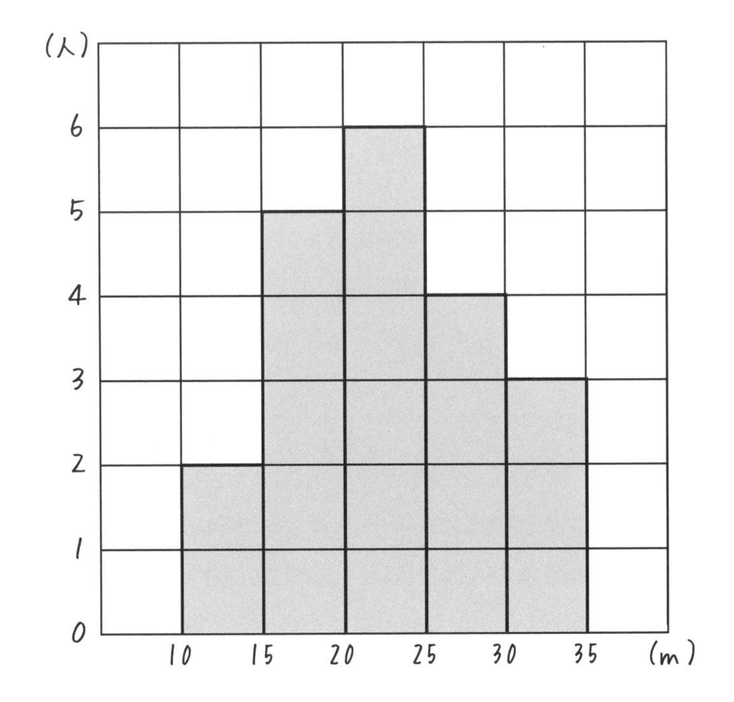

このように、**それぞれの度数を、長方形の柱のように表したグラフ**を、**柱状**（ちゅうじょう）**グラフ**、または、**ヒストグラム**と言います。柱状グラフにすることによって、データが、目で見てわかりやすいかたちになりましたね。

文系の親御さんでもわかる！
2020年度から必修化の
「プログラミング教育」とは？

2020 年度から、小学校でプログラミング教育が必修となります。日常生活やビジネスの他、あらゆる場面で、コンピュータが不可欠になっています。このような状況のもと、小学校でもプログラミング教育が導入されることとなりました。

一方、「プログラミング教育って何？」「子どもにプログラミングについて聞かれたら、どう答えればいいのだろう？」と不安に感じておられる親御さんも多いのではないでしょうか？

そこで、プログラミング教育の内容や目的をざっくり理解していただけるよう、本書（増補改訂版）の巻末付録として、この項目を設けることにしました。中学校では 2021 年度から、高校では 2022 年度から、それぞれプログラミング教育が拡充されます。また今後、プログラミング教育がさらに拡充されていくことも十分に予想できます。このような点からも、この巻末付録が少しでもお役に立てれば幸いです。

⌘ プログラミング教育って何？

人がコンピュータを動かすためには、「指示（しじ）」が必要です。人がコンピュータにしてほしいことの指示書、または、その指示を、プログラムと言います。また、そのプログラム（指示書）をつくることを、プログラミングと言います。そして、**算数や理科、音楽などの教科のなかで、プログラミングを体験していく学習**が、プログラミング教育です。

⌘ プログラミング教育の目的は何？

プログラミング教育の主な目的は、生徒が「プログラミング的思考」を身につけることです。文科省の有識者会議によると、プログラミング的思考は、次のように解説されています。

> 自分が意図する一連の活動を実現するために、どのような動きの組合せが必要であり、一つ一つの動きに対応した記号を、どのように組み合わせたらいいのか、記号の組合せをどのように改善していけば、より意図した活動に近づくのか、といったことを論理的に考えていく力が必要になる。
>
> 出典：小学校段階におけるプログラミング教育の在り方について（議論の取りまとめ）（文部科学省）

例えば、人がコンピュータにしてほしいことを指示するときに、「**どのような手順で指示を与えればいいのかを論理的に思考する力**」が必要です。プログラミング的思考とは、この論理的に思考する力のことです。

また、2020年度から必修化のプログラミング教育では、JavaやC言語などのプログラミング言語は学びません。あくまで、プログラミング的思考を身につけることが、プログラミング教育の主な目的です。

⌘「プログラミング」という教科が新しくできるの？

「プログラミング」という教科が新しくできるのではなく、算数、理科、音楽、家庭（科）などの既存の教科のなかで、プログラミング教育が行なわれます。

⌘ プログラミング教育は、何年生から行なわれるの？

新学習指導要領に例示されている単元等で実施するものとして、小学5年生以上の指導例が紹介されています。そのため、主に、小学5年生、6年生で実施する学校が多いと思われます。ただし、文科省、経産省、総務省が主宰する「未来の学びコンソーシアム」では、小学2年生を対象としたプログラミング教育の例が紹介されているので、低学年からスタートする学校もあるでしょう。

⌘ 実際に、どんな授業が行なわれるの？

算数では、指導例として「**正多角形**（せいたかくけい）**の作図**（小5）」などが提案されています。正多角形とは「**辺の長さがすべて等しく、角の大きさがすべて等しい多角形**」です。

例えば、コンピュータで、「1辺3cmの正五角形」を描く場合を考えてみましょう。

□角形の内角の和は「180×（□−2）」で求められます（p.189参照）。これにより、五角形の内角の和は、180×（5−2）＝180×3＝540（度）だとわかります。**正多角形の内角の大きさはすべて等しい**ので、**正五角形の1つの内角は、540÷5＝108（度）**です。

ここまでをふまえて、**コンピュータで、「1辺3cmの正五角形」を描く**場合を考えてみましょう。まず、コンピュータに、

①「3cmの長さを進む」

という指示を与える必要があります（指示に、①、②、…と番号を付けていきます）。

次に、②「左に108度曲がる」という指示と、再度、①「3cmの長さを進む」という指示をコンピュータに与えると、次のように作図できます。

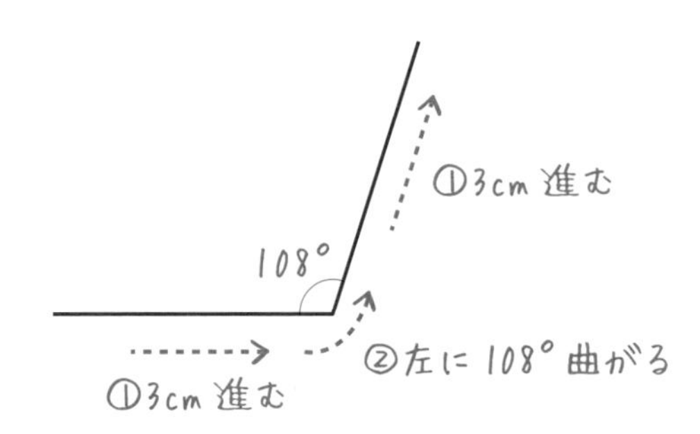

ここからわかるように、作図開始時から、次のように、①と②の指示を5回組み合わせれば、正五角形が描けます。

【コンピュータに正五角形を作図させる指示の流れ　その1】

作図開始

①「3cmの長さを進む」（**1つめの辺**）→②「左に108度曲がる」
→①「3cmの長さを進む」（**2つめの辺**）→②「左に108度曲がる」
→①「3cmの長さを進む」（**3つめの辺**）→②「左に108度曲がる」
→①「3cmの長さを進む」（**4つめの辺**）→②「左に108度曲がる」

→①「3cm の長さを進む」（**5 つめの辺**）→②「左に 108 度曲がる」

作図終了

上の指示によって、次のように、正五角形を作図することができます。

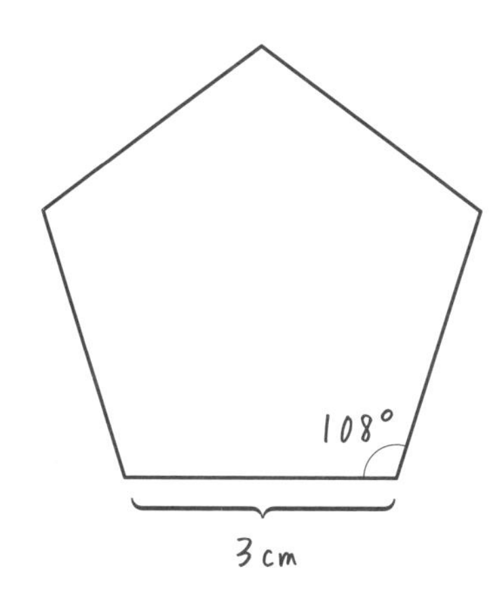

このように、1 辺ずつ指示を出す方法もある一方、「①と②を 5 回繰り返す」という指示を使えば、次のように、3 つの指示だけで正五角形を描くことも可能です。

【コンピュータに正五角形を作図させる指示の流れ　その 2】

作図開始

3つの指示

①「3cm の長さを進む」
②「左に 108 度曲がる」
③「①と②を 5 回繰り返す」

1 辺 3cm の正五角形が作図できる

作図終了

今までの内容（1辺3cmの正五角形の作図のしかた）を教えたうえで、その次の課題として、例えば、「1辺5cmの正五角形」「1辺6cmの正方形」「1辺2cmの正十角形」などを作図するために、**コンピュータにどのような指示を出せばいいかを生徒に考えさせるのが、プログラミング教育の一例**です。生徒はこれらの課題を解決するなかで、試行錯誤したり、新しい方法に気付いたりします。その過程で、論理的思考力、すなわち、プログラミング的思考の力を伸ばしていくことができるのです。

⌘ 算数以外の教科では、どんな授業が行なわれるの？

算数以外の教科でのプログラミング教育の指導例として、次のような内容があげられています。

・身の回りには電気の性質や働きを利用した道具があること等をプログラミングを通して学習する場面（理科 第6学年）
・様々なリズム・パターンを組み合わせて音楽をつくることをプログラミングを通して学習する場面（音楽 第3学年〜第6学年）

出典：小学校プログラミング教育の手引（第三版）（文部科学省）

⌘ 中学校、高校では、どんなプログラミング教育が行なわれるの？

先述した通り、中学校では2021年度から、高校では2022年度から、プログラミング教育が拡充されます。文科省の有識者会議によると、プログラミング教育で育成する知識や技能は、次の通りです。例えば、(小）は、小学校を表します。

（小）身近な生活でコンピュータが活用されていることや、問題の解決には必要な手順があることに気付くこと。
（中）社会におけるコンピュータの役割や影響を理解するとともに、簡単なプログラムを作成できるようにすること。
（高）コンピュータの働きを科学的に理解するとともに、実際の問題解決にコンピュータを活用できるようにすること。

出典：小学校段階におけるプログラミング教育の在り方について（議論の取りまとめ）（文部科学省）

このように、小・中・高校のそれぞれの段階においての教育目標が設定されています。

これから、人間とコンピュータの関係はさらに密接になっていくでしょう。プログラマーなどの、コンピュータと直接向き合う仕事も増えてくることが予想されます。あらゆるものがコンピュータと結びついていく時代において、お子さんが将来、どんな職業に進むとしても、プログラミングについての基礎知識を身につけておくにこしたことはありません。2020年度から必修化するプログラミング教育。そのなかで、プログラミングに興味を持つ生徒ができるだけ増えてほしいと願っています。

（巻末付録の主な参考文献）

小学校プログラミング教育の手引（第三版）（文部科学省）

おわりに

子供に教えるときに、「わかった？」と聞くのは禁句だと言われることがあります。「わかった？」と聞かれると、子供はあまり理解できていなくても、「うん、わかった」と答えたくなるものだからです。また、子供に「わかった」と返答されたところで、教える側は、子供が全体の何割程度わかったのか把握することができないからです。

6割程度しか理解できていない状態でも「わかった」と返答することはできます。一方、全体のすみからすみまで理解した状態でも「わかった」と言うことができます。このように、「わかる」という言葉は幅広い意味を持っています。それだけに「わかる」という言葉を安易に使うのは避けたほうがよいでしょう。

本書では、「わかる」という言葉を、「人（小学生）に教えられるくらい理解する」という意味で用いています。これは「わかる」という言葉の意味について、かなりハードルの高い定義づけです。なぜなら、本書の序盤でも書いた通り、頭の中で理解していても、それを言語化し、さらに小学生が理解できるように説明するためには、本当の意味で「わかって」いる必要があるからです。

その意味で、本書は、算数を究極的な意味で「わかる」ことを目指した本であるとも言えます。深い思考力を持った人は概して、「わかる」という言葉に厳しい定義づけをしています。安易に「わかった」と言わず、本当の意味で理解したときに初めて「わかった」と言うのです。「わかる」という言葉について厳しい定義づけをすることを習慣にすれば、算数だけでなく、どの分野においても習熟することができるでしょう。本書によって、本当の意味で算数を理解する人が１人でも増えることを願っております。最後になりましたが、私に本書を書く機会を与えてくださり、編集を担当してくださった坂東一郎氏、そしてベレ出版の方々に、心より感謝を申し上げます。

そして、誰よりも読者の皆様、本書をお読みいただき、本当にありがとうございました。算数の楽しさや面白さを実感し、さらに算数に興味を持っていただければ幸いです。

小杉 拓也

◎ 索 引 ◎

著者紹介

小杉 拓也（こすぎ・たくや）

▶東京大学経済学部卒。プロ算数講師。志進ゼミナール塾長。
プロ家庭教師、中学受験塾SAPIXグループの個別指導塾の塾講師など20年以上の豊富な指導経験があり、常にキャンセル待ちの出る人気講師として活躍している。

▶現在は、学習塾「志進ゼミナール」を主宰し、小学生から高校生に指導をおこなっている。特に中学受験対策を得意とし、毎年難関中学に合格者を輩出している。
算数が苦手だった子の偏差値を45から65に上げて第一志望校に合格させるなど、着実に学力を伸ばす指導に定評がある。暗算法の開発や研究にも力を入れている。

▶ずっと数学を得意にしていたわけではなく、中学３年生の試験では、学年で下から３番目の成績だった。数学の難しい問題集を解いても成績が上がらなかったので、教科書を使って基礎固めに力を入れたところ、成績が伸び始める。その後、急激に成績が伸び、塾にほとんど通わず、東大と早稲田大の現役合格を達成する。
この経験から、「基本に立ち返って、深く学習することの大切さ」を学び、それを日々の生徒の指導に活かしている。

▶著書は、『小学校６年分の算数が教えられるほどよくわかる問題集』、『増補改訂版 中学校３年分の数学が教えられるほどよくわかる』、『親から子への「教え方」がよくわかる』（ベレ出版）、『改訂版 小学校6年間の算数が1冊でしっかりわかる本』（かんき出版）、『ビジネスで差がつく計算力の鍛え方』、『小学生がたった1日で19×19までかんぺきに暗算できる本』（ダイヤモンド社）など多数。

◉── カバーデザイン　都井美穂子
◉── DTP・本文図版　あおく企画
◉── 本文イラスト　村山宇希

増補改訂版 小学校6年分の算数が教えられるほどよくわかる

2020年 7月 25日　初版発行
2024年 4月 17日　第11刷発行

著者	小杉 拓也
発行者	内田 真介
発行・発売	ベレ出版 〒162-0832　東京都新宿区岩戸町12 レベッカビル TEL.03-5225-4790　FAX.03-5225-4795 ホームページ　https://www.beret.co.jp/
印刷	モリモト印刷株式会社
製本	株式会社 宮田製本所

ISBN 978-4-86064-623-3 C2041　　編集担当　坂東一郎